Bewertung der Ökosystemwirkung von Herbizidstrategien
im Zuckerrübenanbau und Modellierung
der Wirkstoffverlagerung im Boden

Aus dem Institut für Zuckerrübenforschung Göttingen,
An-Institut der Georg-August-Universität Göttingen

Bewertung der Ökosystemwirkung von Herbizidstrategien im Zuckerrübenanbau und Modellierung der Wirkstoffverlagerung im Boden

Dissertation

zur Erlangung des Doktorgrades
der Fakultät für Agrarwissenschaften
der Georg-August-Universität Göttingen

vorgelegt von

Andreas Marwitz

geboren in Zerbst

Göttingen, im Dezember 2012

Bibliografische Information der Deutschen Nationalbibliothek

Die Deutsche Nationalbibliothek verzeichnet diese Publikation in der Deutschen Nationalbibliografie; detaillierte bibliografische Daten sind im Internet über http://dnb.d-nb.de abrufbar.

1. Aufl. - Göttingen : Cuvillier, 2013

Zugl.: Göttingen, Univ., Diss., 2013

978-3-95404-389-7

D 7

1. Referent: Prof. Dr. Bernward Märländer

2. Korreferent: Prof. Dr. Volkmar Gutsche

3. Prüfer (Disputation): Prof. Dr. Andreas von Tiedemann

Tag der mündlichen Prüfung: 06.02.2013

Nonnenstieg 8, 37075 Göttingen

Telefon: 0551-54724-0

Telefax: 0551-54724-21

www.cuvillier.de

1. Auflage, 2013

Gedruckt auf säurefreiem Papier

978-3-95404-389-7

Inhaltsverzeichnis

Publikationen für die kumulative Dissertationsschrift

Folgende Manuskripte der vorliegenden kumulativen Dissertationsschrift wurden bereits publiziert oder sind für eine Publikation vorgesehen.

Marwitz, A., E. Ladewig, B. Märländer, 2011. Wirkung von Herbizid-Strategien auf die Regenwurmpopulation und Aktivität der Bodenfauna in Zuckerrüben in Abhängigkeit von Bodenbearbeitung und Standort. Zuckerindustrie 136:41-52.

Marwitz, A., E. Ladewig, B. Märländer, 2012. Impact of herbicide application intensity in relation to environment and tillage on earthworm population in sugar beet in Germany. European Journal of Agronomy 39:25-34.

Marwitz, A., E. Ladewig, B. Märländer. Response of soil biological activity to common herbicide strategies in sugar beet cultivation. European Journal of Agronomy, submitted.

Marwitz, A., C. Kenter, E. Ladewig, B. Märländer. Risikoabschätzung von Herbizidstrategien im Zuckerrübenanbau auf Basis modellierter Wirkstoffkonzentrationen im Boden (in preparation).

Die veröffentlichten Manuskripte sind in der vorliegenden Arbeit mit Genehmigung der jeweiligen Herausgeber wiedergegeben.

Summary

Sugar beet (*Beta vulgaris* L.) is sensitive to weed competition during its initial growth stages. Therefore, herbicides are used in conventional sugar beet cultivation to safeguard yield. Currently, mainly tank mixes of various herbicides are applied, which differ in their composition, number of active ingredients, and application rate. Different herbicide application strategies allow for the control of the site-specific weed spectrum. Although ecotoxicological effects of the individual herbicides are assessed during the process of authorization, the soil ecological effects of herbicide strategies, i.e. the use of herbicides in different combinations and/or application rates, have rarely been studied.

The aim of the present study was to investigate the effects of application strategies for herbicides in sugar beet cultivation on the edaphic community. Another aim was the modeling of leaching behaviour of the active ingredients into the soil as basis to assess the environmental risk of the herbicide strategies. The studies were part of the research project "Development of guidelines for integrated pest management in sugar beets and exemplary determination of the environmental and economic impact of innovative applications of pesticides".

The experiments were conducted in typical sugar beet growing areas in Germany in the years 2008 and 2009 at a total of 19 sites with different pedological and meteorological conditions (environment = site x year). The three herbicide strategies under study included combinations of two herbicides and 100% of the authorized application rate (strategy 1), three herbicides and < 50% of the authorized application rate (strategy 2), and a low dosage application strategy with six herbicides and ≤ 35% of the authorized application rate (strategy 3). Post-emergence application of the herbicides was carried out on three dates. To account for effects of tillage that might interfere with herbicidal effects, the herbicide strategies were tested in systems of conventional (ploughing system) and conservation (mulching system) tillage.

The soil indicator 'earthworm' was taken as a representative of the soil fauna to identify potential ecological effects of the application strategies. The earthworm populations were sampled twice a year (spring and fall) using the formalin extraction method. In total, approximately 50,000 earthworms (juvenile + adult) were expelled in more than 2000 samples. Nine different species and three ecological groups (epigeic, endogeic, and anecic) were identified. The large natural variation of the earthworm population in the various environments resulted in abundances ranging from less than 50 to about 300 individuals m^{-2}.

Especially in spring, the mulching system was conducive to the earthworm population compared to the ploughing system as indicated by significantly higher abundances at all 19 environments. These differences decreased site-specifically until fall, but remained significant across all environments. The herbicide strategies had no significant effect on the total earthworm population or on the dominant earthworm species. In conclusion, the influence of the factors on the earthworm population was ranked as follows:
environment > tillage system >> herbicide strategy.

In addition, the soil ecosystem function of the soil was assessed through the biological activity of the edaphic community using the bait-lamina test and the mini-container test. The bait-lamina test was conducted at 19 environments to measure the feeding (in total 7296 strips with 16 holes filled with bait and arranged horizontally). The mini-container test was used at six environments to measure the mass loss of organic matter (in total 576 bars with six mini-containers filled with wheat straw and arranged horizontally). Although the two tests differed in their substrate composition, examined soil depth, exposure time, and effect endpoints, similar results were obtained with both methods. The largest differences in feeding activity and in mass loss occurred between environments, which was consistent with the results for the earthworm samplings. The biological activity was significantly higher in the mulching system across environments though not in each environment. Furthermore, a depth gradient in the biological activity was found depended on the tillage system. Biological activity was higher in the mulching system than in the ploughing system. This was attributed to the lower incorporation depth and heterogeneous distribution of organic residues of the intercrop into the topsoil in the mulching system. This difference declined with increasing soil depth. A significant interaction between herbicide strategy and environment and/or tillage system occurred in both the bait-lamina and the mini-container test. However, the direction of the effects was not consistent across environments. Overall, the great variability of environments and tillage systems did not overlay the effects of the herbicide strategies. It rather emphasized the validity of the results and their representativeness for sugar beet cultivation.

In further studies, the leaching potential of the active ingredients to 1 m soil depth was modeled with the model FOCUS PEARL for the period between the first application date and 31 December (2008 and 2009). Environmental conditions (soil and weather characteristics), technical measures (e.g. tillage, application dates), and specific culture data (ground coverage of sugar beet) were included in the model. The repeated application of herbicides caused an accumulation of residues mainly in 0-0.01 m soil depth. More than 90% of all residues were predicted to occur in the upper 0.025 m of the soil. The concentrations of active ingredients in the soil depended on the application rate and decreased for all herbicide strategies by the end of the year. Ecological risk was assessed using the Toxic Unit (toxic unit - TU) approach for the soil ecological indicator 'earthworm'. The ratio of modeled residue concentration and effect concentration (LC_{50}) was calculated for each of the active ingredients and summed up for the herbicide strategies. A TU ≥ 1 indicates an expected mortality rate of at least 50% in the earthworm population. The TUs decreased with decreasing application rate of herbicide strategies and although the low dosage application strategy had the lowest TU, all herbicide strategies were more than an order of magnitude below the threshold of 1.

In summary, the herbicide strategies did not affect the ecological endpoints considered. From an ecological point of view and according to the principles of integrated pest management, all tested herbicide strategies are appropriate for site-specific weed control. Moreover, the low dosage rate application strategy for herbicides in sugar beet production contributes to the reduction of pesticide use and risks from pesticides as demanded by the "National Action Plan on the sustainable use of pesticides".

Zusammenfassung

Aufgrund der geringen Konkurrenzkraft von Zuckerrüben in der Jugendentwicklung gegenüber Unkräutern kommt dem Einsatz von Herbiziden zur Sicherung der Anbauproduktivität im konventionellen Zuckerrübenanbau eine essentielle Bedeutung zu. Dabei werden aktuell vorwiegend Mischungen verschiedener Herbizide ausgebracht, die sich in ihrer Zusammensetzung hinsichtlich Art und Anzahl herbizider Wirkstoffe und Aufwandmenge deutlich voneinander unterscheiden. Unterschiedliche Herbizidstrategien erlauben es, das standortspezifisch variierende Unkrautspektrum zielgerichtet zu regulieren. Zwar sind die ökotoxikologischen Auswirkungen der einzelnen Herbizide durch das Zulassungsverfahren hinreichend bekannt, die bodenökologischen Effekte praxisrelevanter Herbizidstrategien, d. h. des Einsatzes von Herbiziden in unterschiedlicher Kombination und/oder Aufwandmenge, sind jedoch bisher kaum untersucht.

Ziel der vorliegenden Arbeit war es deshalb, die Auswirkungen der im Zuckerrübenanbau Anwendung findenden Herbizidstrategien auf das Edaphon zu untersuchen. Weiterer Bestandteil war die Modellierung der Wirkstoffverlagerung im Boden und die Abbildung des Umweltrisikos der Herbizidstrategien auf Basis der modellierten Wirkstoffkonzentrationen. Die Untersuchungen waren in das Forschungsverbundprojekt „Entwicklung von Leitlinien für den integrierten Pflanzenschutz in Zuckerrüben und exemplarische Ermittlung der ökologischen und ökonomischen Auswirkungen von innovativen Anwendungen von Pflanzenschutzmitteln“ eingebettet.

Die Versuche wurden in typischen Zuckerrübenanbaugebieten in Deutschland in den Jahren 2008 und 2009 an insgesamt 19 sich hinsichtlich ihrer pedologischen und meteorologischen Bedingungen deutlich unterscheidenden Standorten (Umwelt = Standort x Jahr) durchgeführt. Die drei untersuchten Herbizidstrategien umfassten Kombinationen von zwei Herbiziden und 100 % der zugelassenen Aufwandmenge (Strategie 1), drei Herbiziden und < 50 % der zugelassenen Aufwandmenge (Strategie 2) sowie eine Minimengenstrategie mit sechs Herbiziden und ≤ 35 % der zugelassenen Aufwandmenge (Strategie 3). Die Herbizide wurden im Nachauflaufverfahren zu drei Terminen appliziert. Um Überlagerungen der hypothetisch geringen Unterschiede zwischen den Herbizidstrategien durch erwartete deutlichere Effekte der Bodenbearbeitung zu berücksichtigen, wurden die Herbizidstrategien bei konventioneller (Pflugsystem) und bei konservierender (Mulchsystem) Bodenbearbeitung geprüft.

Zur Bewertung der bodenökologischen Effekte wurde der Indikator „Regenwurm“ als Repräsentant der Bodenfauna herangezogen. Die Untersuchung der Regenwurmpopulation erfolgte zweimal pro Jahr (Frühjahr und Herbst) und wurde mit der Formalinmethode durchgeführt. An den über 2000 Probestellen wurden rund 50.000 Regenwürmer (juvenil + adult) ausgetrieben, die neun Arten und drei ökologischen Gruppen (epigäisch, endogäisch und anözisch) zugeordnet werden konnten. Die natürliche biologische Variabilität der Regenwurmpopulation in den einzelnen Umwelten führte zu Abundanzschwankungen von weniger als 50 Individuen m^{-2} bis zu über 300 Individuen m^{-2}. Es zeigte sich darüber hinaus, dass insbesondere im Frühjahr das Mulchsystem in allen 19 Umwelten förderlicher für die Regenwurmpopulation gegenüber dem Pflugsystem war und deutlich höhere Abundanzen aufwies. Diese Unterschiede verringerten sich standortspezifisch bis zum Herbst, blieben aber im Mittel über alle Umwelten signifikant. Die Herbizidstrategien übten weder auf die Regenwurmpopulation noch auf die individuell betrachteten dominanten Regenwurmarten einen signifikanten Effekt aus. Zusammenfassend ergab sich für die Größenordnung des Einflusses der untersuchten Faktoren auf die Regenwurmpopulation folgende Rangfolge: Umwelt > Bodenbearbeitungssystem >> Herbizidstrategie.

Zusätzlich wurde die Ökosystemfunktion des Bodens anhand der biologischen Aktivität des Edaphons durch den Köderstreifen- und den Minicontainer-Test untersucht. Der Köderstreifen-Test wurde in 19 Umwelten (insgesamt 7296 Stäbe mit jeweils 16 horizontal angeordneten und mit Köderportionen befüllten Löchern) und der Minicontainer-Test in sechs Umwelten (insgesamt 576 Stäbe mit jeweils sechs horizontal angeordneten und mit Weizenstroh befüllten Containern) durchgeführt. Obwohl sich beide Tests in ihrer Substratzusammensetzung und -menge, der erfassten Bodentiefe sowie Expositionszeit unterschieden und mit der Fraßaktivität am Ködersubstrat und dem Masseverlust des exponierten Weizenstrohs verschiedene Effektmaße abgedeckt worden sind, wurden einheitliche Effekte beobachtet. Die größten Unterschiede sowohl bei den Fraßaktivitäten als auch Masseverlusten traten, wie bereits bei der Regenwurmpopulation, zwischen den Umwelten auf. Das Pflugsystem hatte auf die biologische Aktivität über alle 19 Umwelten keinen einheitlichen Einfluss, denn es führte in einigen Umwelten zu höheren Werten als das Mulchsystem. Trotz dieser divergenten Effekte wiesen beide Screeningmethoden über alle Umwelten im Mulchsystem eine signifikant höhere biologische Aktivität auf. Weiterhin konnten in Abhängigkeit von der Bodenbearbeitung abweichende Tiefengradienten bei der biologischen Aktivität festgestellt werden. Vermutlich aufgrund der geringeren Einarbeitungstiefe und der heterogeneren Verteilung organischer Rückstände der

Zwischenfrucht wurden in der oberen Krume des Mulchsystems, verglichen mit der des Pflugsystems, höhere biologische Aktivitäten vorgefunden. Dieser Unterschied nivellierte sich mit zunehmender Bodentiefe. In Interaktion mit den Faktoren Umwelt und/oder Bodenbearbeitungssystem wurden sowohl im Köderstreifen-Test als auch im Minicontainer-Test signifikante Unterschiede zwischen den Herbizidstrategien ermittelt. Diese Unterschiede waren über die Umwelten jedoch nicht gleichgerichtet ausgeprägt. Es ist nicht davon auszugehen, dass die starke Variabilität zwischen den Umwelten und den Bodenbearbeitungssystemen mögliche Effekte der Herbizidstrategien relativiert hat. Vielmehr werden dadurch die Validität der Ergebnisse und deren Repräsentativität für den Zuckerrübenanbau unterstrichen.

In weiteren Untersuchungen wurde die Wirkstoffverlagerung bis zu 1 m Bodentiefe mit dem Modell FOCUS PEARL für den Zeitraum vom Tag der ersten Applikation bis zum Jahresende (2008 und 2009) ermittelt. Hierfür wurden die für diesen Zeitraum real vorherrschenden Umweltbedingungen (Bodeneigenschaften und Witterungsverhältnisse), anbautechnischen Maßnahmen (z. B. Bodenbearbeitung, Applikationstermine) und Kulturdaten (Deckungsgrad der Zuckerrüben) berücksichtigt. Die wiederholte Applikation der Herbizide führte vor allem in 0-0,01 m Bodentiefe zu einer Wirkstoffanreicherung. Mit über 90 % wurde der größte Anteil aller Wirkstoffrückstände in den oberen 0,025 m Bodentiefe gefunden. Die im Boden auftretenden Konzentrationen waren von der Aufwandmenge abhängig und verringerten sich unabhängig von der Herbizidstrategie deutlich bis zum Jahresende. Die Abschätzung des ökologischen Risikos erfolgte mittels Toxischer Einheit (toxic unit - TU) für den bodenfaunistischen Indikator „Regenwurm“. Dazu wurde für die einzelnen Wirkstoffe das Verhältnis aus modellierter Wirkstoffkonzentration und Effektkonzentration (LC_{50}) berechnet und für die Herbizidstrategien aufsummiert. Für eine TU $\geq$ 1 kann eine Letalität für mindestens 50 % der Regenwurmpopulation angenommen werden. Zwar verringerten sich die TUs mit sinkender Aufwandmenge der Herbizidstrategien, dennoch lagen trotz dieser relativen Vorzüglichkeit der Minimengenstrategien alle Herbizidstrategien mehr als eine Größenordnung unter dem Schwellenwert von 1.

Zusammenfassend zeigen die Ergebnisse, dass für die unterschiedlichen Herbizidstrategien keine negativen ökologischen Auswirkungen vorliegen. Sowohl aus ökologischer Sicht als auch gemäß den Grundsätzen des integrierten Pflanzenschutzes sind alle untersuchten Herbizidstrategien zur standortspezifischen Unkrautregulierung sachgerecht. Darüber hinaus kann auf Grundlage dieser Arbeit festgehalten werden, dass die Minimengenstrategie zur

Applikation von Herbiziden im Zuckerrübenanbau einen Beitrag zur Reduktion des Pflanzenschutzmitteleinsatzes und Risikominderung im Sinne des „Nationalen Aktionsplans zur nachhaltigen Anwendung von Pflanzenschutzmitteln“ leistet.

1. Prolog

Einführung

Die landwirtschaftliche Produktion ist von einer variierenden Intensität geprägt. Der Begriff Intensität beinhaltet dabei technogene Maßnahmen (z. B. die Durchführung der Bodenbearbeitung) und den Einsatz von Dünge- und Pflanzenschutzmitteln (PSM) (Herzog et al., 2006). Der Einsatz von PSM ist ein integraler Bestandteil, der zur Regulierung von Schaderregern und somit zur Sicherung und Steigerung der Anbauproduktivität beiträgt. Doch trotz der Obstruktionshaltung der Öffentlichkeit gegenüber PSM (BfR, 2010) steigt der Verbrauch weltweit an (FAO, 2008). Allerdings stellt diese Steigerung keine Garantie für maximale Erträge dar, denn durch Schaderreger treten weiterhin hohe Verluste auf (Cai, 2008; Pimentel, 2009; Birch et al., 2011). Zusätzlich zu dieser Problematik steht die Landwirtschaft vor weiteren Herausforderungen durch den Klimawandel (Von Tiedemann und Ulber, 2008; Godfray et al., 2012), den zunehmenden Bedarf an Nahrungsmitteln durch die wachsende Weltbevölkerung (Tilman et al., 2002; FAO, 2009) und die steigende Nachfrage nach Energierohstoffen und dementsprechend Energiepflanzen (Steinfeld und Wassenaar, 2007; Godfray et al., 2010). Diese Umstände können in der Konsequenz einen Anstieg der Intensität des PSM-Einsatzes nach sich ziehen (Tilman et al., 2001).

Europaweit machen Fungizide mit ungefähr 50 % den größten Anteil der insgesamt rund 220.000 Tonnen (2003; 25 EU-Mitgliedstaaten) ausgebrachten PSM aus (Eurostat, 2007). Im Vergleich dazu lagen die in Deutschland abgesetzten PSM-Mengen in der letzten Dekade zwischen 35.000 und 44.000 Tonnen, wovon Herbizide mit 37 % bis 45 % stets den größten Anteil aufwiesen (BMELV, 2011). Die tatsächlich ausgebrachte Menge lag 2003 bei rund 23.000 Tonnen PSM und 12.500 Tonnen Herbiziden (54 % der Gesamtmenge) (Eurostat, 2007). Daraus wird die hohe Bedeutung der Unkrautregulierung für die deutsche Landwirtschaft ersichtlich. Heitefuss (1997) sieht in der Herbizidanwendung eine kostengünstigere Alternative für die landwirtschaftliche Produktion verglichen mit der mechanischen Unkrautbekämpfung. Dabei scheint kulturübergreifend die Zunahme der pfluglosen Bodenbearbeitung mittels Direkt- und Mulchsaatverfahren als Maßnahme zum Erosionsschutz hauptsächlich für den stetigen Anstieg des Herbizideinsatzes verantwortlich zu sein (Holland, 2004; Chauhan et al., 2012). Der Einsatz eines einzelnen Herbizids zur Unkrautregulierung ist nach heutigem Kenntnisstand aus bekämpfungsstrategischen, ökologischen und ökonomischen Gesichtspunkten als nicht mehr zeitgemäß und ausreichend effizient einzustufen (Chauhan et al., 2012). Die Vorteile einer Herbizidkombination sind durch ein breiteres Unkrautwirkungsspektrum (Schweizer und May, 1993; Roßberg et al., 2010) und durch Kosteneinsparungen aufgrund reduzierter Aufwandmengen (Marwitz et al., 2012) gegeben.

Der Anbau von Zuckerrüben (*Beta vulgaris* L.) wird insgesamt als intensiv angesehen (Defra, 2002; MEA, 2005). Insbesondere der Schutz der empfindlichen jungen Zuckerrübenpflanzen vor erhöhter Konkurrenz um die begrenzt verfügbaren Wachstumsfaktoren Licht, Wasser und Nährstoffe mit Unkräutern (Petersen, 2004) erfordert intensive Regulierungsmaßnahmen (Märländer et al., 2003). Deshalb werden in Zuckerrüben Herbizide auf fast 100 % der konventionellen Anbauflächen ausgebracht (Buhre et al., 2011). Doch im Vergleich zum deutlichen Anstieg der Herbizidintensität und Behandlungshäufigkeit von 2005 bis 2007 verringerte sich die Anzahl der durchgeführten herbiziden Applikationen und deren Intensität im Zuckerrübenanbau im Jahr 2009 gegenüber den Vorjahren (Roßberg et al., 2010). Dabei wird das Maß der Intensität durch den dimensionslosen Behandlungsindex abgebildet, der das Verhältnis der tatsächlichen Herbizidaufwandmenge und behandelten Fläche zur zugelassenen Aufwandmenge und Gesamtfläche angibt (Roßberg et al., 2002). Der hohe Anteil von 70 % an den gesamten PSM-Anwendungen über alle Wirkstoffgruppen (Ladewig et al., 2009) führt dazu, dass Herbizide mit einem Behandlungsindex von 2,2 die Pflanzenschutzintensität im Zuckerrübenanbau maßgeblich charakterisieren (Roßberg et al., 2010). Der Herbizideinsatz erfolgt in der Praxis üblicherweise an drei bis vier Terminen im Nachauflaufverfahren (d. h. nach Auflaufen der Rüben, im Keimblattstadium der Unkräuter) als Kombination mit variierender Herbizid- bzw. Wirkstoffanzahl und Aufwandmenge (Vasel et al., 2012). Dabei richtet sich die Wahl des Herbizids und der Intensität nach dem standortspezifischen Auftreten der Unkräuter, insbesondere nach der Leit- bzw. Problemverunkrautung.

Durch das „Reduktionsprogramm chemischer Pflanzenschutz" (BMVEL, 2005) und den „Nationalen Aktionsplan zur nachhaltigen Anwendung von PSM" (BMELV, 2008) hat sich die Legislative in Deutschland des Themas PSM-Einsatz angenommen, um eine langfristige Risikominderung für Mensch und Natur zu erreichen. Darüber hinaus dürfen PSM-Maßnahmen nur nach der guten fachlichen Praxis durchgeführt werden, was ab 2014 für alle EU-Mitgliedsstaaten die sachgerechte Einhaltung des integrierten Pflanzenschutzes verpflichtend einschließt. Der integrierte Pflanzenschutz verfolgt dabei das Ziel, die PSM-Anwendung auf das notwendige Maß hinsichtlich eines sicheren Ertrages unter vorrangiger

Berücksichtigung anderweitiger Bekämpfungsmaßnahmen (z. B. biologische, pflanzenzüchterische und kulturtechnische) zu reduzieren (PflSchG, 2012). Zudem wird die ökologische Wirkung von PSM im Zulassungsverfahren umfangreich bewertet und eine Zulassung durch das Bundesamt für Verbraucherschutz und Lebensmittelsicherheit erfolgt nur dann, wenn keine „schädlichen Auswirkungen auf die Gesundheit von Mensch oder Tier oder auf das Grundwasser oder [...] insbesondere auf den Naturhaushalt" zu erwarten sind (PflSchG, 2012). Die Wirkung der immer mehr an Bedeutung gewinnenden Herbizidstrategien mit unterschiedlicher Wirkstoffanzahl und Aufwandmenge bleibt durch das Zulassungsverfahren jedoch unberücksichtigt. Doch gerade aus ökotoxikologischer Sicht können unterschiedlich intensive Anwendungsstrategien zu voneinander abweichenden Effekten führen. So kann eine einmalige Applikation mit hoher Aufwandmenge einen akuten Effekt nach sich ziehen, wohingegen geringe Aufwandmengen bei mehrmaliger Applikation zu chronischen Effekten bei einzelnen Nichtzielorganismen führen können (Becker, 1994). Das Gefährdungspotential bzw. die Ökotoxizität auf Organismen beruht letztlich auf den physikalisch-chemischen Wirkstoffeigenschaften und vor allem auf der Aufwandmenge, welcher der Organismus ausgesetzt ist (Fent, 1998). Daraus lässt sich ableiten, dass ein ökologisches Gefährdungspotenzial stark von der Pflanzenschutzintensität abhängig ist und schädliche Effekte zugelassener Herbizide insbesondere in Kombinationen auf Nichtzielorganismen daher nicht auszuschließen sind (vgl. Schäfer et al., 2012).

Agrarökosysteme sind von Regulationsmaßnahmen des Landwirtes und dem daraus resultierenden Umweltbelastungspotential abhängige Nutzökosysteme (Knauer, 1993). Je nach Intensität der landwirtschaftlichen Anbaumaßnahmen können ökologische Wirkungen im gesamten Naturhaushalt (Boden, Wasser und Luft) auftreten (Benton et al., 2003; Pretty, 2009), da mit den anthropogenen Eingriffen direkte und indirekte Veränderungen in den Ökosystemen einhergehen (Pilgrim et al., 2010). Infolge des PSM-Einsatzes vermuteten Geiger et al. (2010) einen europaweiten Biodiversitätsverlust auf Agrarflächen, was dazu führen kann, dass Ökosystemprozesse und deren Funktionalität nachhaltig beeinflusst werden (Naeem et al., 1994). Doch gerade diese Ökosystemprozesse sollten vor allem im Kompartiment Boden als landwirtschaftlicher Produktionsfaktor im Mittelpunkt von Schutzmaßnahmen stehen. Die Ökosystemdienstleistungen eines intakten Bodenökosystems üben z. B. mit der Detoxifikation, Schädlingskontrolle und Nährstoffbereitstellung durch die Mineralisierung eine förderliche Wirkung auf den Ertrag der Kulturpflanze und somit den Gewinn des Landwirts aus (Barrios, 2007).

Herbizide weisen im Vergleich zu anderen Wirkstoffgruppen, vor allem Insektiziden und Fungiziden, die geringsten direkten schädlichen Wirkungen auf Nichtzielorganismen auf (Edwards und Bohlen, 1996; Palma et al., 2008). Vielmehr üben sie einen indirekten Einfluss auf die im Agrarökosystem lebenden Organismen durch die Beseitigung der Unkräuter aus (Wardle et al., 1995), denn diese dienen als Nahrungsquelle und Habitat für viele Organismen (Marshall et al., 2003). Dessen ungeachtet beschreiben Studien variierende und organismenspezifische ökologische Effekte von Herbiziden. Navntoft et al. (2006) fanden bei einer um 75 % reduzierten Herbizidaufwandmenge positive Effekte auf die Laufkäferabundanz und -biomasse in Wintergetreide verglichen mit einer praxisüblichen Aufwandmenge heraus. Auch Fischer und Heimbach (2011) untersuchten Effekte von Herbizidstrategien mit unterschiedlichen Intensitäten auf die Laufkäferfauna in Zuckerrüben, stellten aber keine signifikanten Unterschiede in der Abundanz fest. Andere Herbizide wie Linuron und Trifluralin führten wiederum in Feldversuchen in Soja zum Rückgang der mikrobiellen Biomasse und Abundanz im Boden (Nowak et al., 2008). Herbizide können auch zu schädlichen Wirkungen bei Bodenlebewesen wie Regenwürmern (Lee, 1985) oder epigäischen Arthropoden (Freemark und Boutin, 1995) führen. Demgegenüber stellten Mele und Carter (1999) eine signifikant höhere Regenwurmpopulation auf Flächen fest, auf denen im Vergleich zur empfohlenen Herbizidaufwandmenge eine doppelte Aufwandmenge appliziert wurde. Generell berücksichtigen Studien zu bodenökologischen Wirkungen von Herbiziden vorwiegend einzelne Herbizide in Mikro- oder Mesokosmen (Brust, 1990; Springett und Gray, 1992; Heupel, 2002; Dittbrenner et al., 2010; Haque et al., 2011). Praxisnahe Freilandversuche erfassen zumeist nicht die Wechselwirkungen unterschiedlicher Anbauintensitäten (z. B. Pflanzenschutz- und Bodenbearbeitungsintensität) und/oder die Vielfältigkeit der Standorteffekte (z. B. Boden- und Witterungsparameter).

Studien, die Effekte von Pflanzenschutzintensitäten im Zusammenhang mit der Gewässerbelastung untersuchten, zeigten, dass geringe PSM-Aufwandmengen zu niedrigen PSM-Konzentrationen und verringerten Ökotoxizitäten in Gewässern führen (Kreuger, 1998; Kreuger und Törnqvist, 1998; Hunt et al., 2006). Hinsichtlich der Gewässerbelastung, insbesondere die des Grundwassers zur Trinkwassergewinnung, stellen Herbizide die häufigste Ursache für Qualitätsprobleme dar (Alloway und Ayres, 1996). Der Grund dafür ist wahrscheinlich auf die Applikation zum Zeitpunkt eines geringen Kulturdeckungsgrades zurückzuführen, wodurch ein hoher Bodeneintrag begünstigt wird. Die in oder auf den Boden gelangenden Herbizide können im ungünstigsten Fall unabhängig von der Bodenbearbeitung (z. B. infolge von Starkniederschlagereignissen kurz nach der Applikation oder durch

Trockenrisse) durch die Tiefenverlagerung im Bodenprofil (Flury, 1996; Malone et al., 2003) und den lateralen Abfluss (Wauchope, 1978; Battaglin et al., 2003; Masters et al., 2008) in hohen Konzentrationen in Gewässer gelangen. In Oberflächengewässern können Herbizide direkte toxische Wirkungen hervorrufen (Mohr et al., 2008; Abrantes et al., 2008). Einzelfälle aus jüngster Vergangenheit zeigen, dass eine potentielle Gefahr für den Naturhaushalt durch Herbizide auch trotz sachgerechter und bestimmungsgemäßer Anwendung gegeben, aber diese von vielfältigen Einflussfaktoren wie Standorteigenschaften und Wirkstoffcharakteristika sowie deren Wechselwirkung abhängig ist. So wurde der in Zuckerrüben zur Anwendung kommende Wirkstoff Chloridazon und seine Hauptabbauprodukte in den vergangenen Jahren europaweit in Oberflächengewässern und Grundwässern mit Konzentrationen über dem zulässigen Grenzwert detektiert (Steck, 2008; Buttiglieri et al., 2009). Dabei ist neben den Wirkstoffcharakteristika (z. B. Sorptionsverhalten, Wasserlöslichkeit und Persistenz) vor allem die Bodenart für die Verlagerung in angrenzende Gewässer und deren Belastung ausschlaggebend. Dementsprechend ist auf reinen Sandböden und schwach tonigen oder schluffigen Sanden die Anwendung von Chloridazon durch die Anwendungsbestimmung NG 407 untersagt (BVL, 2012). In schwerer durchlässigen lehm- und tonhaltigen Böden besteht hingegen keine Gefahr der Grundwasserkontamination (Cuevas et al., 2008). Nachteilige Effekte können jedoch nicht einfach kompartiment- oder ökosystemübergreifend quantifiziert werden. Denn Pestemer und Malkomes (1983) fanden heraus, dass in einer Zuckerrübenspritzfolge keine Einflüsse von Chloridazon auf die bodenbiologische Aktivität (z. B. Strohabbau, Dehydrogenaseaktivität) als Indikator für die Ökosystemfunktion vorlagen.

Aufgrund seiner substantiellen ökologischen Dienstleistungen muss dem Schutz des Bodenökosystems mehr Beachtung entgegengebracht werden (BMVEL, 2002). Trotz des Nutzungsinteresses müssen Landwirtschaft und Umweltschutz nicht im Widerspruch zueinander stehen. Denn im Sinne einer zeitgemäßen und nachhaltigen Landwirtschaft sind der Schutz und die Förderung natürlicher Prozesse und Regulationen zu berücksichtigen und unabdingbar. Darüber hinaus fordert die Umsetzung gesetzlicher und regulativer Vorgaben im Zuge des integrierten Pflanzenschutzes und des Nationalen Aktionsplans mehr Transparenz und Beiträge zur Aufklärung von Umweltwirkungen und -risiken von PSM für alle Kompartimente. Daher wurde diese Thematik im Rahmen des interdisziplinären Verbundforschungsprojektes „Entwicklung von Leitlinien für den integrierten Pflanzenschutz in Zuckerrüben und exemplarische Ermittlung der ökologischen und ökonomischen Auswirkungen von innovativen Anwendungen von Pflanzenschutzmitteln“ unter

Koordination des Institutes für Zuckerrübenforschung (IfZ, Göttingen) aufgegriffen, in das die vorliegende Arbeit als Teilprojekt eingebettet war (siehe Abbildung 1).

Abbildung 1: Beteiligte Kooperationspartner im Forschungsverbundprojekt „Entwicklung von Leitlinien für den integrierten Pflanzenschutz in Zuckerrüben und exemplarische Ermittlung der ökologischen und ökonomischen Auswirkungen von innovativen Anwendungen von Pflanzenschutzmitteln" sowie integrierte Teilprojekte (TP) einschließlich der vorliegenden Dissertation.

Konzept und Zielsetzung

Die Anwendung von Herbizidstrategien fand bislang nur unzureichend Eingang in wissenschaftlichen Studien. Daher verfolgt diese Arbeit das Ziel, die ökologische Wirkung herbizider Wirkstoffe in praxisrelevanten Anwendungsstrategien im Zuckerrübenanbau zu untersuchen und deren ökotoxikologisches Risiko zu bewerten. Dabei sah die Konzeption des

Projektes vor, belastbare Aussagen zur ökologischen Wirkung von drei sich in ihrer Intensität unterscheidenden Herbizidstrategien anhand von bundesweiten Feldversuchen zu treffen. Zur Quantifizierung der ökologischen Wirkung der Herbizidstrategien wurden diese in den Jahren 2008 und 2009 an insgesamt 19 sich in ihren Witterungs- und Bodenbedingungen unterscheidenden Standorten untersucht. Zwischen den Herbizidstrategien wurden aufgrund ihrer geringen ökologischen Wirkung (z. B. Edwards und Bohlen, 1996) nur geringe Unterschiede erwartet. Um eine mögliche Überlagerung dieser geringen Unterschiede durch die voraussichtlich stärkeren Effekte der Bodenbearbeitung auf das Agrarökosystem (z. B. Holland, 2004) zu berücksichtigen, wurden die Herbizidstrategien in konventioneller (Pflugsystem) und konservierender (Mulchsystem) Bodenbearbeitung geprüft.

Die multifaktoriellen Versuche umfassten die Beurteilung ökologischer Wirkungen auf die Ökosystemstruktur und -funktion des Edaphons (Abbildung 2). Zur Bewertung möglicher ökologischer Wirkungen auf die Struktur der Bodenfauna wurde exemplarisch der bodenbiologische Indikator „Regenwurm“ gewählt. In Voruntersuchungen zur Austreibungseffizienz zweier Methoden im Herbst 2007 zeigte sich die Formalinmethode (Raw, 1959) gegenüber der Senfanwendung (Gunn, 1992) als geeigneter, um die Regenwurmpopulation angemessen zu erfassen (unveröffentlicht). An jedem Standort wurde die Regenwurmpopulation an zwei Terminen im Jahr mittels Formalinmethode untersucht. Dabei wurde der Einfluss der Bodenbearbeitung auf die Regenwurmpopulation durch Probenahmen im Frühjahr und die ökologische Wirkung der Herbizidstrategien zusätzlich durch Probenahmen im Herbst ermittelt. Zur Beurteilung einer möglichen Wirkung auf die Ökosystemfunktion wurde die biologische Aktivität des Edaphons als Indikator herangezogen. Hierfür kamen mit dem Minicontainer-Test (Eisenbeis, 1993) und dem Köderstreifen-Test (Von Törne, 1990) zwei Screeningmethoden mit unterschiedlichen Ansätzen zum Einsatz. Durch die kombinierte Anwendung beider Methoden ist eine hohe Repräsentativität für die biologische Aktivität des Edaphons gegeben.

Vor dem Hintergrund des Risikos der Gewässerkontamination durch PSM war eine weitere Fragestellung, inwieweit durch die Anwendung der Herbizidmischungen wirkstoffspezifische Gefahren für das Grundwasser und Oberflächengewässer bestehen. Die Modellierung der Wirkstoffverlagerung mit dem Modell FOCUS PEARL (Tiktak et al., 2000) sollte darüber Aufschluss geben (Abbildung 2). Auf Basis der modellierten Wirkstoffrückstände im Boden erfolgte eine Risikoabschätzung der Herbizidstrategien (Abbildung 2). Um die Ergebnisse der Risikoabschätzung zur Struktur der Bodenfauna aus den Feldversuchen in Beziehung zu setzen, wurde zur Bewertung der Toxizität der Herbizidstrategien ebenfalls der Indikator „Regenwurm“ berücksichtigt. Als ökotoxikologische Bewertungsgröße wurde die Toxische Einheit (toxic unit - TU) verwendet (Sprague, 1970).

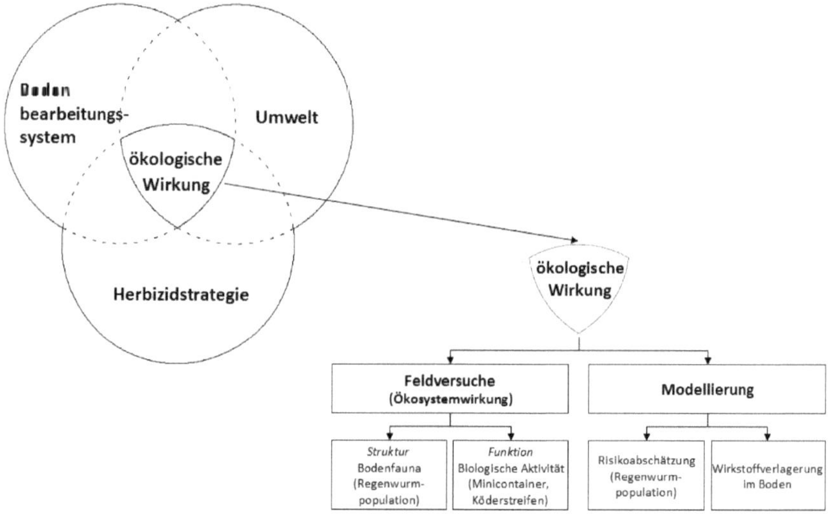

Abbildung 2: Konzeptioneller Ansatz des Promotionsprojektes. Die ökologische Wirkung folgender Einflussfaktoren wurden in den Jahren 2008 und 2009 an insgesamt 19 bundesweiten Standorten in Feldversuchen mit Zuckerrüben geprüft: Umwelt = Kombination aus Standort und Jahr; Bodenbearbeitungssystem = Mulchsystem und Pflugsystem; Herbizidstrategie: Strategie 1: zwei Herbizide mit 100 % der zugelassenen Aufwandmenge; Strategie 2: drei Herbizide mit < 50 % der zugelassenen Aufwandmenge; Strategie 3: sechs Herbizide mit ≤ 35 % der zugelassenen Aufwandmenge.

Aufbau der Arbeit

Die Ökosystemstruktur und -funktion des Edaphons sind Grundlage der ersten drei Artikel. Hierbei werden im ersten Artikel (Kapitel 2) die Ergebnisse zur Untersuchung der Regenwurmpopulation im Jahr 2008 beschrieben, wohingegen der zweite Artikel (Kapitel 3) die ökologische Wirkung der drei Herbizidstrategien über beide Jahre (2008 und 2009) beinhaltet und ferner dominante Regenwurmarten und der Diversitätsindex nach Shannon (1948) zur Beurteilung herangezogen werden. Die einjährigen Ergebnisse wurden in der Zeitschrift *Zuckerindustrie* (Marwitz et al., 2011) und die Auswertung der zweijährigen Versuchsreihe im *European Journal of Agronomy* (Marwitz et al., 2012) veröffentlicht. Gegenstand des dritten Artikels (Kapitel 4) ist die ökologische Wirkung der

Herbizidstrategien auf die biologische Aktivität des Edaphons in Abhängigkeit von Bodenbearbeitungssystem und Umwelt (Standort x Jahr). Der Artikel wurde bei der Zeitschrift *European Journal of Agronomy* eingereicht. Im fünften Kapitel „Epilog“ werden die Modellierungsergebnisse der Wirkstoffverlagerung im Boden aufgeführt und außerdem Stellung zum ökologischen Risiko der Herbizidstrategien für Regenwürmer auf Basis der modellierten Wirkstoffkonzentrationen genommen. Die Veröffentlichung des Epilogs ist in Vorbereitung. In einem abschließenden Fazit werden die Ergebnisse dieser Arbeit zusammengefasst interpretiert und ihre ökologische Relevanz für den Zuckerrübenanbau aufgezeigt.

Literaturverzeichnis (Prolog und Fazit)

Abrantes, N., R. Pereira, A. Soares, F. Goncalves, 2008. Evaluation of the ecotoxicological impact of the pesticide Lasso (R) on non-target freshwater species, through leaching from nearby agricultural fields, using terrestrial model ecosystems. Water, Air and Soil Pollution 192:211-220.

Alloway, B.J. und D.C. Ayres, 1996. Schadstoffe in der Umwelt: chemische Grundlagen zur Beurteilung von Luft-, Wasser- und Bodenverschmutzungen. Spektrum Akademischer Verlag, Heidelberg.

Barrios, E., 2007. Soil biota, ecosystem services and land productivity. Ecological Economics 64:269-285.

Battaglin, W.A., E.M. Thurman, S.J. Kalkhoff, S.D. Porter, 2003. Herbicides and transformation products in surface waters of the Midwestern United States. Journal of the American Water Resources Association 39:743-756.

Becker, H., 1994. Einleitung. In: Deutsche Forschungsgemeinschaft, Hrsg. Ökotoxikologie von Pflanzenschutzmitteln. Verlag Chemie, Weinheim, 19-21.

Benton, T.G., J.A. Vickery, J.D. Wilson, 2003. Farmland biodiversity: is habitat heterogeneity the key? Trends in Ecology and Evolution 18:182-188.

BfR (Bundesinstitut für Risikobewertung), 2010. Pflanzenschutzmittel-Rückstände in Lebensmitteln: die Wahrnehmung der deutschen Bevölkerung - ein Ergebnisbericht. BfR Wissenschaft, Dahlem.

Birch, A.N.E., G.S. Begg, G.R. Squire, 2011. How agro-ecological research helps to address food security issues under new IPM and pesticide reduction policies for global crop production systems. Journal of Experimental Botany 62:3251-3261.

BMVEL (Bundesministerium für Verbraucherschutz, Ernährung und Landwirtschaft), 2002. Gute fachliche Praxis zur Vorsorge gegen Bodenschadverdichtungen und Bodenerosion. BMVEL, Bonn.

BMVEL (Bundesministerium für Verbraucherschutz, Ernährung und Landwirtschaft), 2005. Reduktionsprogramm chemischer Pflanzenschutz: nachhaltige Landwirtschaft - Vorsorgender Verbraucherschutz - Schutz des Naturhaushaltes. BMVEL, Berlin.

BMELV (Bundesministerium für Ernährung, Landwirtschaft und Verbraucherschutz), 2008. Nationaler Aktionsplan zur nachhaltigen Anwendung von Pflanzenschutzmitteln: Risikominderung im Pflanzenschutz - weniger Risiko - mehr Vertrauen. BMELV, Bonn.

BMELV (Bundesministerium für Ernährung, Landwirtschaft und Verbraucherschutz), 2011. Statistisches Jahrbuch über Ernährung, Landwirtschaft und Forsten. Landwirtschaftsverlag Münster Hiltrup, ISBN 978-3-7843-5191-9.

Brust, G.E., 1990. Direct and indirect effects of four herbicides on the activity of carabid beetles (Coleoptera: Carabidae). Pesticide Science 30:309-320.

Buhre, C., K. Bürcky, F. Schmitz, M. Schulte, E. Ladewig, 2011. Umfrage zur Produktionstechnik im Zuckerrübenanbau - Sachstand und Trends (1994 - 2010). Zuckerindustrie 136:670-677.

Buttiglieri, G., M. Peschka, T. Frömel, J. Müller, F. Malpei, P. Seel, T.P. Knepper, 2009. Environmental occurrence and degradation of the herbicide n-chloridazon. Water Research 43:2865-2873.

BVL (Bundesamt für Verbraucherschutz und Lebensmittelsicherheit), 2012. PSM Zulassungsbericht: Rebell Ultra (006983-00/00). BVL, Braunschweig.

Cai, D.W., 2008. Understand the role of chemical pesticides and prevent misuses of pesticides. Bulletin of Agricultural Science and Technology 1:36-38.

Chauhan, B.S., R.G. Singh, G. Mahaja, 2012. Ecology and management of weeds under conservation agriculture: a review. Crop Protection 38:57-65.

Cuevas, M.V., L. Cox, M.J. Calderón, M.C. Hermosín, J.E. Fernández, 2008. Chloridazon and lenacil dissipation in a clayey soil of the Guadalquivir river marhes (southwest Spain). Agriculture, Ecosystems and Environment 24:245-251.

Defra (Department for Environment, Food and Rural Affairs), 2002. Sugar beet and the environment in the UK. Report by the United Kingdom in accordance with Article 47(3) of Council Regulation 1260/2001 on the environmental situation of agricultural production in the sugar sector.

Diercks, R. und R. Heitefuss, 1994. Integrierter Pflanzenbau. Verlagsunion Agrar, München.

Dittbrenner, N., R. Triebskorn, I. Moser, Y. Capowiez, 2010. Physiological and behavioural effects of imidacloprid on two ecologically relevant earthworm species (*Lumbricus terrestris* and *Aporrectodea caliginosa*). Ecotoxicology 19:1567-1573.

Edwards, C.A. und P.J. Bohlen, 1996. Biology and Ecology of Earthworms. Chapman and Hall, London.

Eisenbeis, G., 1993. Zersetzung im Boden. In: Ehrnsberger, R., Hrsg. Bodenmesofauna und Naturschutz, Bedeutung und Auswirkung von anthropogenen Maßnahmen. Informationen zu Naturschutz und Landschaftspflege 6. Naturschutzverband Niedersachsen, Verlag Günter Runge, Cloppenburg, 53-76.

EU (Europäische Union), 2000. Richtlinie 2000/60/EG des europäischen Parlaments und des Rates vom 23. Oktober 2000 zur Schaffung eines Ordnungsrahmens für Maßnahmen der Gemeinschaft im Bereich der Wasserpolitik. Amtsblatt der Europäischen Gemeinschaften L 327:1-72.

Eurostat (Statistisches Amt der Europäischen Gemeinschaft), 2007. The use of plant protection products in the European Union: data 1992 - 2003. Official Publications of the European Communities, Luxembourg.

FAO (Food and Agriculture Organization of the United Nations), 2008. World agriculture: towards 2015/2030 - Summary report. FAO, Rome, ISBN 92-5-104761-8.

FAO (Food and Agriculture Organization of the United Nations), 2009. World Summit on Food Security. FAO, Rome 16-19 November.

Fent, K., 1998. Ökotoxikologie. Georg Thieme Verlag, Stuttgart.

Fischer F. und U. Heimbach, 2011. Auswirkung verschiedener Herbizidstrategien auf Laufkäfer (Carabidae) in Zuckerrüben. Zuckerindustrie 136:104-108.

Flury, M., 1996. Experimental evidence of transport of pesticides through field soils - a review. Journal of Environmental Quality 25:25-45.

Freemark, K. und C. Boutin, 1995. Impacts of agricultural herbicide use on terrestrial wildlife in temperate landscapes: a review with special reference to North America. Agriculture, Ecosystems and Environment 52: 67-91.

Geiger, F., J. Bengtsson, F. Berendse, W.W. Weisser, M. Emmerson, M.B. Morales, P. Ceryngier, J. Liira, T. Tscharntke, C. Winqvist, S. Eggers, R. Bommarco, T. Pärt, V. Bretagnolle, M. Plantegenest, L.W. Clement, C. Dennis, C. Palmer, J.J. Oñate, I. Guerrero, V. Hawro, T. Aavik, C. Thies, A. Flohre, S. Hänke, C. Fischer, P.W. Goedhart, P. Inchausti, 2010. Persistent negative effects of pesticides on biodiversity and biological control potential on European farmland. Basic and Applied Ecology 11:97-105.

Godfray, H.C.J., J.R. Beddington, I.R. Crute, L. Haddad, D. Lawrence, J.F. Muir, J. Pretty, S. Robinson, S.M. Thomas, C. Toulmin, 2010. Food security: the challenge of feeding 9 billion people. Science 327:812-818.

Godfray, H.C.J., J. Pretty, S.M. Thomas, E.J. Warham, J.R. Beddington, 2012. Linking policy on climate and food. Science 331:1013-1014.

Gunn, A., 1992. The use of mustard to estimate earthworm populations. Pedobiologia 36:65-67.

Gutsche, V., J. Strassemeyer, E. Ladewig, 2012. Modellierung des Umwelt-Risikopotenzials von Pflanzenschutzstrategien im Zuckerrübenanbau. Gesunde Pflanzen 64:11-19.

Haque, A., R. Das Gupta, P.P. Chakravorty, 2011. Effect of two herbicides on *Xenylla Welchi* (Hexapoda: Collembola) under laboratory conditions. Bulletin of Environmental Contamination and Toxicology 86:583-586

Heitefuss, R., 1997. Pflanzenschutz - Grundlagen der praktischen Phytomedizin. Georg Thieme Verlag, Stuttgart.

Herzog, H., B. Steiner, D. Bailey, J. Baudry, R. Billeter, R. Bukácek, G. De Blust, R. De Cock, J. Dirksen, C.F. Dormann, R. De Filippi, E. Frossard, J. Liira, T. Schmidt, R.

Stöckli, C. Thenail, W. van Wingerden, R. Bugter, 2006. Assessing the intensity of temperate European agriculture at the landscape scale. European Journal of Agronomy 24:165-181.

Heupel, K., 2002. Avoidance response of different collembolan species to Betanal. European Journal of Soil Biology 38:273-276.

Holland, J. M., 2004. The environmental consequences of adopting conservation tillage in Europe: reviewing the evidence. Agriculture, Ecosystems and Environment 103:1-25.

Hunt, J.W., B.S. Anderson, B.M. Phillips, R.S. Tjeerdema, N. Richard, V. Connor, K. Worcester, M. Angelo, A. Bern, B. Fulfrost, D. Mulvaney, 2006. Spatial relationships between water quality and pesticide application rates in agricultural watersheds. Environmental Monitoring and Assessment 121:245-262.

Knauer, N., 1993. Agrarökosysteme - Notwendigkeit und Möglichkeit einer naturnahen Regulierung. Schriften des naturwissenschaftlichen Vereins für Schleswig-Holstein 63:103-116.

Koch, H.-J., C. Pringas, J. Scherer, 2003. Conservation tillage for sustainable sugarbeet production in Germany - environmental and phytopathological aspects. Zuckerindustrie 128:810-813.

Kreuger, J., 1998. Pesticides in stream water within an agricultural catchment in southern Sweden, 1990-1996. Science of the Total Environment 216:227-251.

Kreuger, J. und L. Törnqvist, 1998. Multiple regression analysis of pesticide occurrence in streamflow related to pesticide properties and quantities applied. Chemosphere 37:189-207.

Ladewig, E., D. Roßberg, P. Lukashyk, 2009. Erhebungen zur Pflanzenschutzmittelanwendung in Zuckerrüben (NEPTUN). Zuckerrübe 58:182-85.

Lee, K.E., 1985. Earthworms - Their Ecology and Relationships with Soils and Land Use. Academic Press, Sydney.

Malone, R.W., S. Logsdon, M.J. Shipitalo, J. Weatherington-Rice, L. Ahuja, L. Ma, 2003. Tillage effect on macroporosity and herbicide transport in percolate. Geoderma 116:191-215.

Märländer, B., C. Hoffmann, H.-J. Koch, E. Ladewig, R. Merkes, J. Petersen, N. Stockfisch, 2003. Environmental situation and yield performance of the sugar beet crop in German: heading for sustainable development. Journal of Agronomy and Crop Science 189:201-226.

Marshall, E.J.P., V.K. Brown, N.D. Boatman, P.J.W. Lutman, G.R. Squire, L.K. Ward, 2003. The role of weeds in supporting biological diversity within crop fields. Weed Research 43:77-89.

Marwitz A., E. Ladewig, B. Märländer, 2011. Wirkung von Herbizid-Strategien auf die Regenwurmpopulation und Aktivität der Bodenfauna in Zuckerrüben in Abhängigkeit von Bodenbearbeitung und Standort. Zuckerindustrie 136:41-52.

Marwitz, A., E. Ladewig, B. Märländer, 2012. Impact of herbicide application intensity in relation to environment and tillage on earthworm population in sugar beet in Germany. European Journal of Agronomy 39:25-34.

Masters, B., K. Rohde, N. Gurner, W. Higham, J. Drewry, 2008. Sediment, nutrient and herbicide runoff from cane farming practices in the Mackay Whitsunday region: a field-based rainfall simulation study of management practices. Queensland Department of Natural Resources and Water for the Mackay Whitsunday Natural Resource Management Group, Australia.

MEA (Millenium Ecosystem Assessment), 2005. Ecosystems and human well-being: policy response: findings of the responses working group of the Millenium Ecosystem Assessment. Island Press, Washington.

Mele, P.M. und M.R. Carter, 1999. Impact of crop management factors in conservative tillage farming on earthworm density, age, structure and species abundance in south-eastern Australia. Soil and Tillage Research 50:1-10.

Mohr, S., M. Feibicke, R. Berghahn, R. Schmiediche, R. Schmidt, 2008. Response of plankton communities in freshwater pond and stream mesocosms to the herbicide metazachlor. Environmental Pollution 152:530-542.

Naeem, S., L.J. Thompson, S.P. Lawler, J.H. Lawton, R.M. Woodfin, 1994. Declining biodiversity can alter the performance of ecosystem. Nature 368:734-737.

Navntopf, S., P. Esbjerg, W. Riedel, 2006. Effects of reduced pesticide dosages on carabids (Coleoptera: Carabidae) in winter wheat. Agricultural and Forest Entomology 8:57-62.

Nowak, A., J. Nowak, M. Blaszak, M. Hawrot, G. Hury, D. Klodka, D. Musik, K. Przybulewska, B. Smolik, J. Szymczak, A. Telesinski, 2008. Einfluss von Linuron- und Trifluralin-Rückständen auf Mikroorganismen und biochemische Boden- und Pflanzeneigenschaften im Soja-Anbau. Journal of Plant Diseases and Protection, Special Issue XXI:125-134.

Palma, P., V.L. Palma, R.M. Fernandes, A. Soares, I.R. Barbosa, 2008. Acute toxicity of atrazine, endosulfan sulphate and chlorpyrifos to *Vibrio fischeri*, *Thamnocephalus platyurus* and *Daphnia magna*, relative to their concentrations in surface waters from the Alentejo region of Portugal. Bulletin of Environmental Contamination and Toxicology 81:485-489.

Pestemer, W. und H.-P. Malkomes, 1983. Einfluss von Pflanzenschutzmitteln einer Zuckerrüben-Spritzfolge auf biologische Aktivitäten und auf den Abbau von Chloridazon im Boden. I. Freilandversuche. Weed Research 23:283-291.

PflSchG (Pflanzenschutzgesetz), 2012. Gesetz zum Schutz der Kulturpflanzen. Pflanzenschutzgesetz vom 6. Februar 2012 (BGBl. I S. 148, 1281).

Petersen, J., 2004. A review on weed control in sugar beet: from tolerance zero to period threshold. In: Inderjit, ed. Weed Biology and Management. Kluwer Academic Publishers, Dordrecht, 467-483.

Pilgrim, E.S., C.J.A. Macleod, M.S.A. Blackwell, R. Bol, D.V. Hogan, D.R. Chadwick, L. Cardenas, T.H. Misselbrook, P.M. Haygarth, R.E. Brazier, P. Hobbs, C. Hodgson, S. Jarvis, J. Dungait, P.J. Murray, L.G. Firbank, 2010. Interactions among agricultural production and other ecosystem services delivered from European temperate grassland systems. Advances in Agronomy 109:117-154.

Pimentel, D., 2009. Pesticides and pest control. In: Rajinder, P. und A.K. Dhawan, eds. Integrated Pest Management: Innovation-Development Process. Springer Science + Business Media, 83-87.

Pretty, J., 2009. Can ecological agriculture feed nine billion people. Online publication: www.monthlyreview.org/2009/11/01/can-ecological-agriculture-feed-nine-billion-people.

Raw, F., 1959. Estimating earthworm population by using formalin. Nature 184:1661-1662.

Roßberg, D., V. Gutsche, S. Enzian, M. Wick, 2002. NEPTUN 2000 - Erhebung von Daten zum tatsächlichen Einsatz chemischer Pflanzenschutzmittel im Ackerbau Deutschlands. Berichte aus der Biologischen Bundesanstalt für Land- und Forstwirtschaft 98, Braunschweig.

Roßberg, D., E.-H. Vasel, E. Ladwig, 2010. NEPTUN 2009 - Zuckerrübe. Berichte aus dem Julius Kühn-Institut 152, Braunschweig.

Schäfer R.B., P.C. von der Ohe, J. Rasmussen, J.B. Kefford, M. Beketov, R. Schulz, M. Liess, 2012. Thresholds for the effects of pesticides on invertebrate communities and leaf breakdown in stream ecosystems. Environmental Science and Technology 46:5134-5142.

Schweizer, E.E. und M.J. May, 1993. Weeds and weed control: Science into Practice. In: Cooke, D.A. und R.K. Scott, eds. The sugar beet crop. Chapman and Hall, London, 484-519.

Shannon, C.E., 1948. A mathematical theory of communication. The Bell System Technical Journal 27:379-423.

Sprague, J.B., 1970. Measurement of pollutant toxicity to fish, II-Utilizing and applying bioassay results. Water Research 4:3-32.

Springett, J.A. und R.A.J. Gray, 1992. Effect of repeated low doses of biocides on the earthworm *Aporrectodea caliginosa* in laboratory culture. Soil Biology and Biochemistry 24:1739-1744.

Steck, U., 2008. Trinkwasserqualität und Pflanzenschutzmittel - wohin geht die Entwicklung? Journal of Plant Diseases and Protection, Special Issue XXI:121-124.

Steinfeld, H. und T. Wassenaar, 2007. The role of livestock production in carbon and nitrogen cycles. Annual Review of Environment and Resources 32:271-294.

Tiktak, A., F. van den Berg, J.J.T.I. Boesten, M. Leistra, A.M.A. von der Linden, D. van Kraalingen, 2000. Pesticide emission assessment at regional and local scales: users manual of FOCUS Pearl version 1.1.1. RIVM Report 711401008, Alterra Report 28, Bilthoven.

Tilman, D., J. Fargione, B. Wolff, C. D'Antonio, A. Dobson, R. Howarth, D. Schindler, W.H. Schlesinger, D. Simberloff, D. Swackhamer, 2001. Forecasting agriculturally driven global environmental change. Science 292:281-284.

Tilman, D., K.G. Cassman, P.A. Matson, R. Naylor, S. Polasky, 2002. Agricultural sustainability and intensive production practices. Nature 418:671-677.

Von Tiedemann, A. und B. Ulber, 2008. Verändertes Auftreten von Krankheiten und Schädlingen durch Klimaschwankungen. In: Von Tiedemann, A., R. Heitefuss, F. Feldmann, Hrsg. Pflanzenproduktion im Wandel - Wandel im Pflanzenschutz. Deutsche Phytomedizinische Gesellschaft, Braunschweig, 79-89.

Von Törne, E., 1990. Assessing feeding activities of soil living animals. I. Bait-lamina-test. Pedobiologia 34:89-101.

Vasel, E.-H., E. Ladewig, B. Märländer, 2012. Weed composition and herbicide use strategies in sugar beet cultivation in Germany. Journal für Kulturpflanzen 64:112-125.

Wauchope, R.D., 1978. The pesticide content of surface water draining from agricultural fields - a review. Journal of Environmental Quality 7:459-472.

Wardle, D.A., 1995. Impacts of disturbance on detritus food webs in agro-ecosystems of contrasting tillage and weed management practices. Advances in Ecological Research 26:105-185.

2. Manuskript 1:

Wirkung von Herbizid-Strategien auf die Regenwurmpopulation und Aktivität der Bodenfauna in Zuckerrüben in Abhängigkeit von Bodenbearbeitung und Standort

ANDREAS MARWITZ, ERWIN LADEWIG & BERNWARD MÄRLÄNDER

Zuckerindustrie (2011)136:41-52

Zusammenfassung

Bei der Herbizidanwendung im Zuckerrübenanbau gewinnen Minimengen zunehmend an Bedeutung. Die Umweltwirkungen dieser innovativen Strategie, mit einer hohen Anzahl von Wirkstoffen und stark reduzierten Aufwandmengen, sind jedoch bisher unbekannt. Im Jahr 2008 wurden in Feldversuchen die Minimengen mit zwei weiteren Herbizid-Strategien (100 und ≤ 50 % der zugelassenen Aufwandmenge mit geringerer Wirkstoffanzahl) auf bundesweit neun, für den Zuckerrübenanbau in Deutschland repräsentativen Untersuchungsflächen jeweils in einem Pflug- und einem Mulchsystem verglichen. Zur ökotoxikologischen Charakterisierung der Bewirtschaftungsmaßnahmen und deren Implikation auf die Bodenfauna wurden die Umweltindikatoren Regenwurmpopulation, Dekomposition und Fraßaktivität verwendet.

Alle drei Indikatoren zeigten einheitlich die größten Differenzen zwischen den Standorten. Eine Abstufung der Umweltwirkung stellte sich auch bei den Bodenbearbeitungssystemen heraus. Die extensive (Mulch) wies gegenüber der intensiven (Pflug) Bodenbearbeitung für alle Bewertungsgrößen stets höhere Werte auf. Zwischen den Herbizid-Strategien wurden die bei weitem geringsten bodenfaunistischen Unterschiede festgestellt.

Schlüsselworte: Anbauintensität, Streuabbau, Agrarökosysteme, Risikobewertung, Minicontainer, Köderstreifen, Minimengen, integrierter Pflanzenschutz

Einleitung

Der Ackerbau in Deutschland wird durch die Produktionsfunktion und die wachsende Bedeutung umweltschonender Anbauverfahren beeinflusst. Eine nachhaltige Bewirtschaftung von Agrarflächen bedeutet vor allem die langfristige Sicherung der Produktivität des Standortes und der Schutz der Umweltgüter Boden, Wasser, Luft und Biodiversität. Für die Intensität von Produktionsverfahren stellt der Einsatz von Pflanzenschutzmitteln eine wesentliche Größe dar. Die Anwendung von Pflanzenschutzmitteln wird durch das Pflanzenschutzgesetz (PflSchG, 2009) geregelt. Die Einhaltung der Bestimmungen dieses Gesetzes unter Beachtung der Grundsätze des integrierten Pflanzenschutzes (§ 2) beschreibt die gute fachliche Praxis im Pflanzenschutz in Deutschland. Durch die EU-Richtlinie für den nachhaltigen Einsatz von Pflanzenschutzmitteln (2009/128/EG) sind die dort formulierten Grundsätze des integrierten Pflanzenschutzes (Annex 3) ab 2014 verpflichtend einzuhalten (Artikel 14). Eine weitere Anforderung der Richtlinie beinhaltet die Erstellung von Nationalen Aktionsplänen (Artikel 4), um die geforderten Ziele zur Verringerung der Risiken und der Auswirkungen der Anwendung von Pflanzenschutzmitteln auf die menschliche Gesundheit und die Umwelt zu erreichen. In Deutschland ist eine Reduzierung der Risiken durch Pflanzenschutzmittel bis 2020 um 25 % vorgesehen (BMELV, 2008).

Für eine nachhaltige Bewirtschaftung ist es u. a. wichtig, nicht nur eine ausreichende Unkrautregulierung durch Herbizidanwendungen, sondern auch möglichst geringe Auswirkungen auf das Bodenökosystem zu erreichen. Mit ca. 70 % haben Herbizide den größten Anteil am Behandlungsindex und dementsprechend an der Anwendung von Pflanzenschutzmitteln im Zuckerrübenanbau (Roßberg et al., 2008). Ihr Einsatz wird dabei stets an sich verändernde Unkrautspektren, technische Innovationen, praktische Erfahrungen und die gesetzlichen Rahmenbedingungen angepasst und optimiert. Aktuell sind dies Applikationen einer höheren Anzahl von Wirkstoffen in Kombination mit verringerten Aufwandmengen der Einzelwirkstoffe. Insbesondere im Hinblick auf ein breites Unkrautartenspektrum kann durch diese innovative Strategie eine hohe herbizide Wirkung erreicht werden. Welche Wirkung diese Herbizid-Strategie der so genannten Minimengen auf die Umwelt haben kann, ist bisher nicht bekannt.

Fruchtbare Böden sind durch die Präsenz einer abundanten Regenwurmpopulation gekennzeichnet (Makeschin, 1997). Durch ihr Vorkommen wird der Streuabbau beschleunigt (Lavelle, 1988). Im Umkehrschluss führt ihre Abwesenheit zu einer verlangsamten

Zersetzung organischer Substanzen (Curry und Byrne, 1992). Die Biomasse und Anzahl der Regenwürmer sind somit gut als biologischer Indikator der Bodenfruchtbarkeit geeignet (Gisi et al., 1997), denn mit deren Veränderung steht eine Vielzahl von Wirkungen im Ökosystem in enger Beziehung. Regenwürmer beschleunigen den Abbau makroorganischer Substanzen, bewirken eine Bodendurchmischung und tragen zur Makroporenbildung bei, die eine Erhöhung der Wasserleitfähigkeit und -infiltration fördert (Lee, 1985; Lavelle, 1988; Edwards und Bohlen, 1996). Regenwürmer besitzen eine lange Lebensdauer und eine geringe Reproduktionsrate, weshalb durch die Regenwurmaktivität langfristig wirkende Bodenbelastungen aufgezeigt werden können (Pommer, 1986). Die Auswirkungen von Pflanzenschutzmitteln auf das Kompartiment Boden werden u. a. im Zulassungsverfahren durch Laborversuche mit dem Regenwurm *Eisenia fetida* bewertet (OECD, 1984; BBA, 1994b).

Mikroorganismen haben eine entscheidende Funktion bei der Rückführung von komplexen organischen Substanzen (z. B. Pflanzenrückständen) in den Nährstoffkreislauf (Lee, 1985). Die mikrobielle Aktivität eines Bodens, z. B. über die Strohmineralisationsrate gemessen, gibt einen genaueren Aufschluss über den Nährstoffumsatz durch Mikroorganismen in Abhängigkeit von Bewirtschaftungsmaßnahmen.

Es soll der Versuchsfrage nachgegangen werden, ob der Einsatz einer innovativen Herbizid-Strategie mit reduzierten Aufwandmengen im Vergleich zu bisher üblichen, höher dosierten Herbizidmischungen in Abhängigkeit variierter Bodenbearbeitungen und Versuchsstandorte zu unterschiedlichen Umweltwirkungen führt. Zur Abschätzung möglicher Umweltwirkungen für die Bodenbiozönose in Zuckerrüben wurden im Rahmen eines Verbundprojektes die Regenwurmpopulation (*Lumbricidae*) und die Leistungsfähigkeit bzw. biologische Aktivität der Bodenfauna bei Zersetzungs- bzw. Abbauprozessen als strukturelle und funktionelle Bewertungsgrößen über zwei Jahre an 20 bundesweit angelegten Feldversuchen untersucht. In diesem Artikel werden Teilergebnisse von neun Standorten des Untersuchungsjahres 2008 aufgeführt.

Die Erstellung von Leitlinien für den integrierten Pflanzenschutz in Zuckerrüben ist ein weiterer Bestandteil des Verbundprojektes (Gummert et al., 2010; Ladewig, 2010). Der bodenökologische Aspekt wird zusätzlich durch die Untersuchung der epigäischen Raubarthropodenfauna in einem weiteren Teilprojekt aufgegriffen (Fischer und Heimbach, 2010).

Material und Methoden

Versuchsstandorte und -design

Im Jahr 2008 wurden Versuche an neun Standorten angelegt, die typische Zuckerrübenanbaugebiete in Deutschland mit unterschiedlichen Bodeneigenschaften und Witterungsbedingungen repräsentieren (siehe Tab. 1). Voraussetzungen für die Wahl der Versuchsflächen waren ein flächendeckend einheitlicher Bodentyp, die Anwendung konservierender Bodenbearbeitung in den vorangegangenen Jahren sowie eine standorttypische Unkrautflora ohne Problemunkräuter.

Tab. 1: Bodenkundliche und klimatische Kenngrößen der Standorte

Standort (Region)	Höhe ü. N.N. (m)	Bodentyp	Bodenart[1]	Ackerzahl	pH-Wert	Temperatur[2] (Ø °C)	Niederschlag[3] (∑ mm)
Bornitz (Zeitz)	163	Tschernosem-Parabraunerde	Ut, Uls	84	6,7	9,8	615
Gnodstadt (Würzburg)	275	Parabraunerde	Ut, Tu	78	7,1	9,8	607
Göllheim (Worms)	280	Parabraunerde-Pararendzina	Ut, Tu	78	7,4	10,5	436
Hemmingen (Stuttgart)	345	Parabraunerde-Kolluvisol	Ut	72	6,8	10,4	690
Kerpen Buir (Köln)	100	Parabraunerde	Ut	75	6,7	10,7	650
Lamme (Braunschweig)	80	Braunerde-Pseudogley	Ls, Lts	55	7,1	10,3	621
Natendorf (Ülzen)	51	Parabraunerde-Kolluvisol	Uls, Lu	65	6,4	9,8	768
Nauendorf (Halle Saale)	62	Braunerde-Tschernosem	Ut, Sl	96	7,3	10,4	470
Niedernjesa (Göttingen)	162	Parabraunerde-Kolluvisol	Ut	80	6,3	9,7	575

[1] bis zu einer Bodentiefe von 1 m
[2] Jahresdurchschnittstemperatur
[3] Jahresniederschlagssumme

Die mit Gelbsenf als Zwischenfrucht bestellten Versuchsflächen wurden in zwei Bodenbearbeitungssysteme unterteilt: gepflügt (Herbstfurche, 25-30 cm) und konservierend (Bodenlockerung ≤ 17 cm und Einarbeitung der Zwischenfrucht-Rückstände), im Folgenden als „Pflugsystem“ und „Mulchsystem“ bezeichnet. Beide Systeme wurden in jeweils 12 Parzellen angelegt, in die drei Herbizid-Strategien mit vierfacher Wiederholung randomisiert wurden (siehe Abb. 1). Die Standorte hatten unterschiedliche Parzellengrößen, sechs

Standorte (Normalstandorte) mindestens 100 m², drei Standorte (Kernstandorte) aufgrund umfangreicherer Versuchsfragen mindestens 300 m².

Die Applikation der Herbizid-Strategien erfolgte zu drei Terminen im Nachauflauf jeweils im Keimblattstadium der Unkräuter. Dabei wurden hoch dosierte Herbizide (Strategie 1; zwei Herbizide mit 100 % der zugelassenen Aufwandmenge), drei Herbizide mit einer praxisüblich reduzierten Applikationsmenge (Strategie 2; drei Herbizide mit < 50 % der zugelassenen Aufwandmenge) sowie Minimengen (Strategie 3; sechs Herbizide ≤ 35 % der zugelassenen Aufwandmenge) angewandt (siehe Tab. 2). Alle weiteren anbautechnischen Maßnahmen wurden standortspezifisch/ -typisch durchgeführt. Zum Vergleich der Intensität der drei Herbizid-Strategien wurde der Behandlungsindex (BI) herangezogen (Roßberg et al., 2008). Der BI ist der Quotient aus der Anzahl der ausgebrachten Pflanzenschutzmittel einer Fruchtart und der behandelten Fläche im Verhältnis zur gesamten Anbaufläche und der in der Zulassung ausgewiesenen Aufwandmenge.

Tab. 2: Übersicht der Herbizid-Strategien (HS)

HS	Herbizid	NAK[1] 1	NAK[1] 2	NAK[1] 3	Gesamt-aufwandmenge	Anteil an zugelassener Aufwandmenge	BI[2]	Wirkstoff	Wirkstoff-anteil	Gesamt-wirkstoffmenge
		(kg/ha bzw. L/ha)			(kg/ha bzw. L/ha)	(%)			(%)	(kg/ha bzw. L/ha)
1	Goltix 700 SC	1	2	2	5	100	2	Metamitron	0,7	3,5
	Betanal Expert	1,75	1,75	1,75	5,25	100		Desmedipham Ethofumesat Phenmedipham	0,025 0,15 0,075	0,13 0,79 0,39
2	Goltix 700 SC	0,8	0,8	0,8	2,4	48	1,42	Metamitron	0,7	1,68
	Betanal Expert	0,8	0,8	0,8	2,4	46		Desmedipham Ethofumesat Phenmedipham	0,025 0,15 0,075	0,06 0,36 0,18
	Rebell	0,8	1	1,2	3	48		Chloridazon Quinmerac	0,4 0,05	1,2 0,15
3	Goltix 700 SC	0,35	0,7	0,7	1,75	35	1,87	Metamitron	0,7	1,23
	Betanal Expert	0,61	0,61	0,61	1,83	35		Desmedipham Ethofumesat Phenmedipham	0,025 0,15 0,075	0,05 0,28 0,14
	Rebell	0,29	0,58	0,88	1,75	35		Chloridazon Quinmerac	0,4 0,05	0,7 0,09
	Spectrum	0,05	0,11	0,16	0,32	35		Dimethenamid-P	0,72	0,23
	Debut (+FHS)	0,01	0,01	0,01	0,03	35		Triflusulfuron	0,48	0,01
	Lontrel 100	0,14	0,14	0,14	0,42	11,7		Clopyralid	0,1	0,04
	Oleo FC	0,35	0,35	0,35	1,05	35				

[1] Nachauflauf-Keimblatt
[2] Behandlungsindex

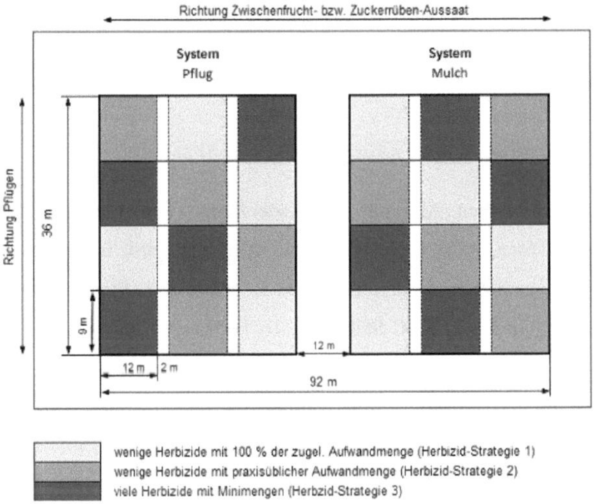

Abb. 1: Versuchsaufbau

Regenwurmpopulation

Die Erfassung der Regenwurmpopulation erfolgte im Versuchsjahr 2008 an jedem der neun Standorte über eine Austreibung kurz vor der Ernte im Zeitraum September bis Oktober. Da Regenwürmer ungünstige Witterungsbedingungen (Trockenheit) in Form einer Diapause oder Quieszenz überdauern (Kollmannsperger, 1955; Edwards und Lofty, 1977), war die Wahl des Austreibungstermins maßgeblich für die Aussagekraft der Untersuchungen.

Zur Austreibung wurde die nach DIN ISO 11268 (2000) genormte Formalin-Methode eingesetzt (Raw, 1959). Hierfür wurden 10 L einer 0,2%igen Formaldehydlösung in zwei Gaben von jeweils 5 L über 30 min in Holzrahmen mit einer Fläche von ¼ m^2 ausgebracht. Es wurden vier Holzrahmen pro Parzelle beprobt. Zur Vermeidung von Randeffekten und Bodeninhomogenitäten wurden die Rahmen mindestens 1 m vom Parzellenrand und nicht auf Fahrspuren platziert. In den Probeflächen wuchsen zwei bis drei Zuckerrüben. Diese wurden geköpft und aus der Fläche entfernt, um eine übersichtliche Probenahme zu gewährleisten. Zudem waren die Flächen von einer standortabhängig homogenen Zuckerrübendichte umgeben, um dem Einfluss indifferenter Vegetation entgegenzuwirken. Innerhalb der 30 min wurden die ausgetriebenen Regenwürmer eingesammelt und in 80%iges Ethanol überführt. Im Labor wurden die Tiere in geschlechtsreife (adulte) und -unreife (juvenile) Altersklassen entsprechend des Entwicklungszustands des Clitellums unterteilt, wobei die adulten

Exemplare mit Hilfe eines synoptischen Bestimmungsschlüssels bis zur Art determiniert wurden (Herr und Bauchhenß, 1987). Neben der Individuendichte wurde die Gesamtbiomasse der Altersklassen ermittelt.

Fraßaktivität

Zur Ermittlung der biologischen Aktivität der Bodenfauna (Funktionalität) wurde der Köderstreifen-Test (von Törne, 1990) eingesetzt. Diese Erhebung wurde im Zeitraum August bis September an allen Standorten durchgeführt. Die Köderstreifen (Firma Terra Protecta) sind 16 cm lange und 6 mm breite PVC-Stäbe, die 16 Bohrungen im Abstand von 5 mm aufweisen. Die 16 Bohrungen (Ebenen) waren mit Ködersubstrat aus 70 % Zellulose, 27 % Weizenkleie und 3 % Aktivkohle befüllt. Die Streifen mit dem für alle Bodenlebewesen (Bodenflora und -fauna) zugänglichen Ködersubstrat wurden unter Zuhilfenahme eines Fugenspachtels vertikal im Boden exponiert, wodurch es möglich war, die Fraßaktivität über eine Bodentiefe bis 7,5 cm zu erfassen. Zur Erfassung der räumlichen Variabilität der Fraßaktivität innerhalb einer Parzelle wurden die Köderstreifen gleichmäßig verteilt in vier Gruppen à vier Köderstreifen je Parzelle ausgebracht (384 Stäbe je Standort). Hierbei wurden die Gruppen in quadratischer Anordnung (Kantenlänge bzw. Abstand zwischen den Köderstreifen 10 cm) zwischen den Zuckerrüben so platziert, dass das Ködersubstrat in Aussaatrichtung zeigte. Die Streifen wurden soweit im Boden versenkt, bis das oberste Loch bzw. Ködersubstrat unmittelbar unter der Bodenoberfläche lag. Eine Fraßaktivität von 10 bis 40 % an separat zur Kontrolle exponierten Teststreifen war Voraussetzung, um die Stabgruppen parzellenweise einzusammeln. Vor der Auswertung wurden die Streifen im Labor vorsichtig von anhaftendem Erdmaterial gesäubert. Die Köderstreifen wurden mit Hilfe eines Overhead-Projektors ausgewertet, wobei die Durchleuchtung eine genaue Beurteilung der Perforation ermöglichte. Nur die Ködersubstrate mit einer Perforation von $\geq$ 50 % wurden als gefressen gewertet. Durch diese Methode kann der relative Anteil bzw. die prozentuale Fraßaktivität (Anteil ausgefressener Köder im Verhältnis zu initialer Köderanzahl) für jede Bodentiefe (erfasste Streifenebene) in einem vertikalen Tiefenprofil dargestellt werden.

Dekomposition

Eine weitere Form zur Erfassung der Funktionalität der Bodenfauna ist der Minicontainer-Test (Eisenbeis, 1993), der an den drei Kernstandorten Hemmingen, Lamme und Niedernjesa für eine Expositionsdauer von ca. vier Monaten (Juni bis Oktober) durchgeführt wurde. Es kamen robuste PVC-Stäbe mit einer Länge von 25 cm und sechs vertikalen Bohrungen zur Aufnahme für die Minicontainer zum Einsatz (Firma Vertrieb für wissenschaftliche Hilfsgeräte Eisenbeis). Die Minicontainer hatten ein Volumen von ca. 1,5 cm^3 und sind beidseitig mit einer Gazescheibe (Maschenweite 2 mm) versehen. Durch die Gazescheiben war das im Minicontainer enthaltene Substrat nur für Organismen < 2 mm (Mesofauna und kleiner) zugänglich. Als Füllsubstrat wurde Weizenstroh verwendet. Das Weizenstroh wurde in 5 mm große Stücke geschnitten und anschließend 4 h im Trockenschrank bei 105 °C getrocknet. Die Minicontainer wurden mit dem Weizenstroh befüllt und das Ausgangsgewicht ermittelt. Die Füllmenge reichte von 150 bis 300 mg je Minicontainer. Um die Stäbe im Boden vertikal positionieren zu können, wurde manuell mit einem Spiralbohrer vorgebohrt. Anschließend wurden die Stäbe so tief in den Boden eingesetzt, dass der oberste Minicontainer 1 cm unter der Bodenoberfläche exponiert war. Durch das vertikale Ausbringen war eine Messung bis zu 13 cm Bodentiefe möglich. Jeweils vier Minicontainer-Stäbe wurden einzeln und gleichmäßig über die Fläche einer Parzelle verteilt, wobei die Stäbe zwischen zwei Zuckerrüben so platziert wurden, dass die Öffnung der Minicontainer in Aussaatrichtung zeigte (96 Stäbe pro Standort). Kurz vor der Ernte wurden die Stäbe eingesammelt und zur Bestimmung der Trockenmasse im Trockenschrank bei 60 °C für 8 h getrocknet. Danach wurde der Inhalt der Minicontainer in Petrischalen überführt und sichtbare Bodenpartikel bzw. mineralische Verunreinigungen mit einer Pinzette entfernt. Mittels Analysewaage wurden die Strohreste zurückgewogen. Trotz der vorangegangenen Reinigungsmaßnahme waren die Restmengen weiterhin mit latenten Bodenpartikeln verunreinigt. Um die Verunreinigung komplett abzutrennen und den tatsächlichen Masseverlust zu erhalten, wurden die Strohreste der Minicontainer aus je acht Stäben (vier je Bodenbearbeitungssystem) eines Standortes in einem Muffelofen für 4 h bei 600 °C verascht. Aus dem Glühverlust wurde ein Faktor ermittelt, mit dem alle zurückgewogenen Strohmengen standort- und systembezogen korrigiert wurden. Die absolute prozentuale Abbaurate für die verschiedenen Bodentiefen lässt sich durch folgende Formel (1) berechnen:

$$k_a = (m_0 - m_t) / m_0 \cdot 100 \ [\%] \qquad (1)$$

k_a Abbaurate

m_0 Ausgangsmasse (initiales Gewicht)

m_t Restmasse zum Zeitpunkt t (inklusive Korrekturfaktor)

Statistische Auswertung

Die Korrelationskoeffizienten zwischen der Regenwurmdichte und -biomasse wurden mit der *Spearman*-Rangkorrelation mittels Software SigmaPlot (Version 11.0, Systat Inc.) berechnet. Die Abundanz der Regenwürmer war in Abhängigkeit der Bezugsgröße trotz verschiedener Transformationsschritte nicht normalverteilt. Daher wurde für die statistische Analyse der nicht-parametrische Test nach *Kruskal-Wallis* (Kruskal und Wallis, 1952) angewandt. Diese einfaktorielle Varianzanalyse wurde mit der Software SAS (Version 9.2, SAS Institute Inc.) durchgeführt und kam bei den Vergleichen der Regenwurmdichten zwischen den Bodenbearbeitungssystemen Pflug und Mulch sowie Herbizid-Strategien innerhalb eines Standortes zum Einsatz. Für beide statistischen Verfahren wurde das Signifikanzniveau bei einer Irrtumswahrscheinlichkeit von $p \leq 0{,}05$ festgesetzt. Darüber hinaus wurde zur graphischen Darstellung der Verteilung der Regenwurmdichten über alle Standorte der Box-Whisker-Plot verwendet. Innerhalb der Box liegen 50 % der Daten. Das 5. und 95. Perzentil sind als Punkte aufgeführt. Die Ergebnisse zum Köderstreifen und Minicontainer-Test werden durch den Mittelwert und die Standardabweichung dargestellt. Für die standortübergreifenden Vergleiche der Fraßaktivität und der Abbaurate zwischen den Bodenbearbeitungssystemen und Herbizid-Strategien wurden die Daten auf die jeweilig mittlere Expositionsdauer normiert, um den Einfluss unterschiedlicher Expositionszeiträume zu neutralisieren. Alle graphischen Darstellungen wurden mit der Software SigmaPlot (Version 11.0, Systat Inc.) erstellt.

Ergebnisse

Die Regenwurmdichte korrelierte unterschiedlich eng mit der Regenwurmbiomasse. Für die Standorte ergaben sich Korrelationskoeffizienten zwischen 0,314 und 0,881 (Tab. 3). Standortübergreifend waren die linearen Zusammenhänge hoch signifikant. Daher werden im Folgenden nur die Ergebnisse zur Regenwurmdichte dargestellt.

Tab. 3: Rangkorrelation nach Spearman für die Regenwurmdichte und -biomasse mit Korrelationskoeffizient *r* und Irrtumswahrscheinlichkeit *p* in Abhängigkeit vom Standort

Standort	Bornitz	Gnodstadt	Göllheim	Hemmingen	Kerpen Buir	Lamme	Natendorf	Nauendorf	Niedernjesa	Mittelwert
r	0,569	0,384	0,881	0,346	0,314	0,432	0,640	0,610	0,636	0,598
p	≤0,001	≤0,001	≤0,001	≤0,001	≤0,01	≤0,001	≤0,001	≤0,001	≤0,001	≤0,001

Die Populationsdichte der Regenwürmer variierte zwischen den Standorten am stärksten (Abb. 2). Im Mittel über die Herbizid-Strategien wurde am Standort Niedernjesa mit 177 Tieren m^{-2}

die höchste Bestandesdichte und mit 18 Tieren m^{-2} am Standort Göllheim die niedrigste erfasst. Ein standortübergreifender, einheitlicher Effekt auf die Regenwurmdichte durch die Herbizid-Strategien war nicht festzustellen. Auch innerhalb der Standorte traten zwischen den Herbizid-Strategien keine signifikanten Unterschiede auf.

Beim Vergleich der Bodenbearbeitungssysteme über die Standorte zeigte sich deutlich, dass die Regenwurmfauna im Mulchsystem im Mittel über die Herbizid-Strategien eine höhere Abundanz von etwa 25 Tieren m^{-2} aufwies (Abb. 3). Die Unterschiede zwischen den Herbizid-Strategien innerhalb eines Bodenbearbeitungssystems waren sehr gering und nicht signifikant.

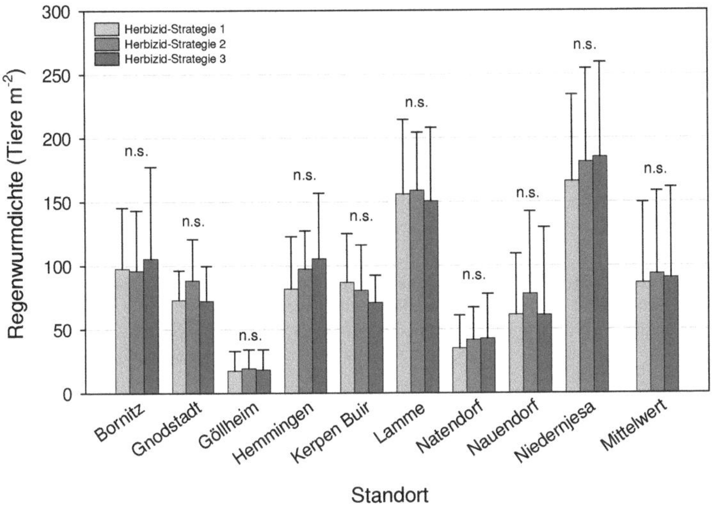

Abb. 2: Regenwurmdichte vor der Ernte von Zuckerrüben in Abhängigkeit von Standort und Herbizid-Strategie. Mittelwert und Standardabweichung (n = 32) über Bodenbearbeitungssysteme, Wiederholung Herbizid-Strategie 8; 4 Probeflächen pro Parzelle. Differenz der Herbizid-Strategien je Standort: *Kruskal Wallis* Analysis ($p \leq 0,05$), n.s. = nicht signifikant

Die Variabilität der Fraßaktivität in Abhängigkeit vom Standort war deutlich höher als in Abhängigkeit von Bodenbearbeitung und Herbizid-Strategie (Abb. 4). Die höchste Fraßaktivität wurde in Lamme und die niedrigste in Bornitz festgestellt. An allen Standorten nahm mit zunehmender Bodentiefe die Fraßaktivität sukzessive ab. Der ausgeprägteste Tiefengradient von 49 bis 14 % trat am Standort Hemmingen und der niedrigste von 68 bis 46 % am Standort Lamme auf. In Abhängigkeit der Bodenbearbeitung ist auffällig, dass bis zu einer Bodentiefe von 50 mm stets eine höhere Fraßaktivität im Mulchsystem vorlag. Bei den Herbizid-Strategien zeigte sich, dass ab einer Bodentiefe von 50 mm die Werte einheitlich beieinander lagen, während in den oberen Bodentiefen die Mittelwerte ungerichtet schwankten.

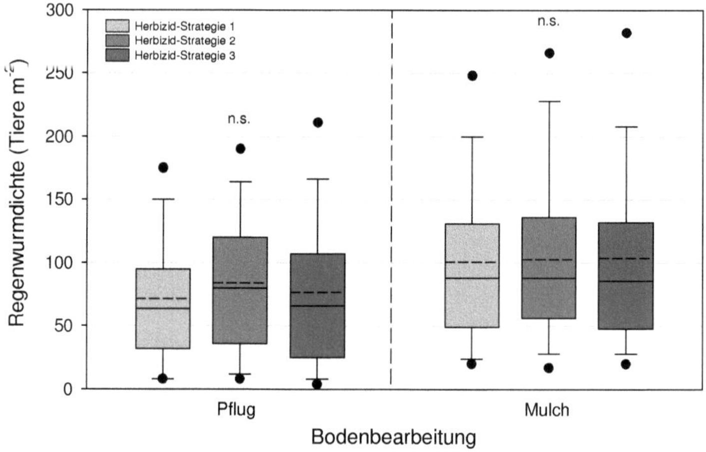

Abb. 3: Regenwurmdichte vor der Ernte von Zuckerrüben in Abhängigkeit von Bodenbearbeitungssystem und Herbizid-Strategie. Wiederholungen Bodenbearbeitung 1 und Herbizid-Strategie 4; 4 Probeflächen pro Parzelle. Differenz der Herbizid-Strategien je System: *Kruskal Wallis* Analysis ($p \leq 0{,}05$), n.s. = nicht signifikant; $n = 144$; Median (durchgezogene Linie) und arithmetisches Mittel (gestrichelte Linie)

Die einzelnen Standorte zeigten stark voneinander abweichende Abbauraten des Weizenstrohs auf (Abb. 5). Zwischen den abbaustärksten und -schwächsten Standorten Hemmingen und Lamme ergab sich eine Differenz des mittleren Tiefengradienten von 14 %, wobei die Abbaurate mit zunehmender Bodentiefe nicht gleichgerichtet war. Die Abbaurate war im Mulchsystem über die gesamte Bodentiefe stets höher als im Pflugsystem, dagegen wies die Abbaurate zwischen den Herbizid-Strategien geringfügige Unterschiede auf.

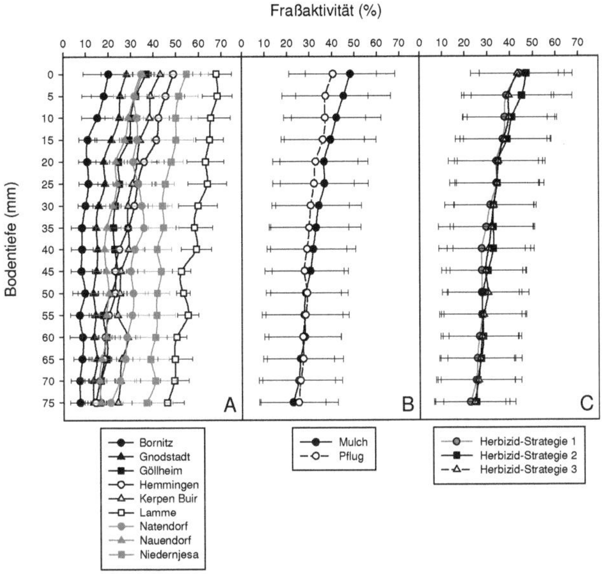

Abb. 4: Fraßaktivität an den Köderstreifen über die Bodentiefe während der Vegetationsperiode in Zuckerrüben in Abhängigkeit von Standort (A), Bodenbearbeitung (B) und Herbizid-Strategie (C). Mittelwert jeweils über andere Varianten, Wiederholungen Bodenbearbeitung 1 und Herbizid-Strategie 4 bzw. 8; 16 Köderstreifen pro Parzelle; $n = 24$ (A), $n = 108$ (B) und $n = 72$ (C)

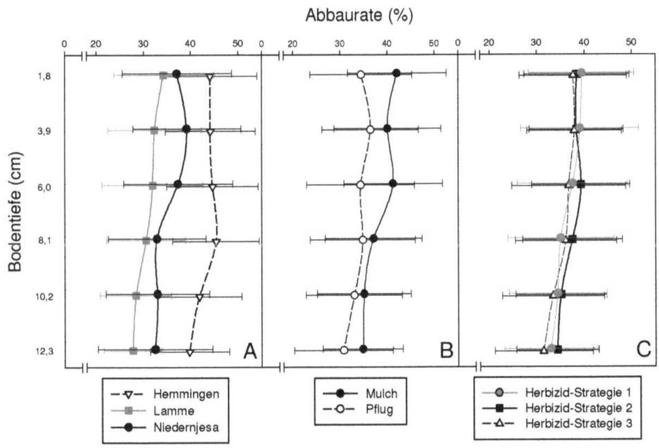

Abb. 5: Abbau von Weizenstroh über die Bodentiefe während der Vegetationsperiode in Zuckerrüben in Abhängigkeit von Standort (A), Bodenbearbeitung (B) und Herbizid-Strategie (C). Mittelwert jeweils über andere Varianten, Wiederholungen Bodenbearbeitung 1 und Herbizid-Strategie 4 bzw. 8; 4 Minicontainern pro Parzelle; $n = 24$ (A), $n = 36$ (B) und $n = 24$ (C)

Diskussion

Einfluss des Standortes

Der Standort hatte auf die Bewertungsgrößen Regenwurmpopulation sowie biologische Aktivität, erhoben als Fraßaktivität und Streuabbau, den größten Einfluss. Jeder Standort stellt in der Kombination von Boden- und Witterungsbedingungen eine individuelle Umwelt dar. Die natürlichen Standortfaktoren charakterisieren das Bodenleben, denn die Bodenbiozönose ist nach Kobel-Lamparsky und Lamparsky (1988) eng an die vorherrschenden Umweltbedingungen des jeweiligen Standortes gebunden. Da der Anbau von Senf als Zwischenfrucht und Zuckerrüben als Hauptfrucht sowie die Bodenbearbeitung und die Versuchsdurchführung über die Standorte vergleichbar waren, sind die Ursachen für die großen Einflüsse der Umwelt bei standortspezifischen Parametern zu vermuten.

Die Entwicklung und Zusammensetzung der Regenwurmpopulation ist abhängig von Bodenkennwerten wie dem Gehalt an Kalk und organischer Substanz (Lee, 1985). Darüber hinaus beeinflussen die Bodenfeuchte, -temperatur und -reaktion die Aktivität der Regenwürmer (Lee, 1985; Edwards und Bohlen, 1996). Auch die Bodentextur kann Veränderungen in der Regenwurmpopulation bewirken. Dabei scheint einerseits der Schluffgehalt einen populationsfördernden Einfluss und der Tongehalt eine hemmende Wirkung auf die Regenwurmaktivität zu haben (Gerschau, 1995; Forstreuter, 1999), andererseits ordnen Krück et al. (2006) landwirtschaftlichen Nutzflächen in Brandenburg mit lehm- und tonhaltigen Böden die höchste Regenwurmpopulation zu. Generell ist es schwierig, den Einfluss bestimmten Witterungs- oder Bodenbedingungen zuzuschreiben, da viele Parameter miteinander in Wechselwirkung treten. So wiesen in unseren Untersuchungen beispielsweise sowohl Standorte mit sehr hohem als auch niedrigem Jahresniederschlag geringe Regenwurmdichten auf.

Die Mortalität von Regenwürmern nimmt mit steigenden Temperaturen über 20 °C zu (Edwards und Bohlen, 1996), wohingegen sie bei Temperaturen im Bereich von 10 bis 15 °C optimale Wachstumsbedingungen vorfinden (Lee, 1985). Auch Graff (1984) beschreibt mit 10 bis 16 °C einen ähnlichen Temperaturbereich für eine hohe Regenwurmaktivität, jedoch unter der Voraussetzung einer von der Bodenart abhängigen optimalen Bodenfeuchte. Neben diesem generell vom Standort abhängigen Einfluss führen saisonale Witterungsbedingungen zu inaktiven Phasen (Diapause, Quieszenz) der Regenwürmer. In diesem inaktiven Zustand überdauern Regenwürmer ungünstige Witterungsbedingungen in einer charakteristischen verknoteten Körperhaltung in tieferen Bodenschichten. Die Regenwurmaktivität ist im Frühjahr und im Herbst aufgrund mäßiger Temperaturen und hoher Bodenfeuchten am höchsten (Kollmannsperger, 1955; Edwards und Lofty, 1977). Damit hat der Zeitpunkt der Regenwurmaustreibung erheblichen Einfluss auf die Repräsentativität der Ergebnisse, ebenso wie die Entwicklungsphase der Regenwürmer, denn die geschlechtsunreifen Tiere gehen früher in die inaktive Phase über (Jiménez et al., 1998). Das bedeutet, dass eine der Beprobung vorangegangene, ungünstige Wetterlage zu einer von den Erwartungen abweichenden Altersverteilung führen kann. Am Standort Bornitz ging z. B. dem Zeitpunkt der Austreibung eine mehrwöchige Trockenperiode voraus, die erfasste mittlere Regenwurmdichte von rund 100 Tieren m^{-2} zählte dennoch zu den höheren im Vergleich zu den acht anderen Standorten und mit über 90 % wiesen die juvenilen Regenwürmer den höchsten Anteil an der Regenwurmdichte auf.

In Bornitz wirkte sich die Trockenperiode vielmehr auf die durch die Köderstreifen ermittelte Fraßaktivität aus. Trotz der längsten Expositionsdauer von 24 Tagen wurde in Bornitz die geringste Fraßaktivität über alle betrachteten Bodentiefen ermittelt. Larink und Sommer (2002) zeigen auf, dass während der Herbstzeit aufgrund der hohen Bodenfeuchte eine hohe biologische Aktivität im Rapsanbau vorlag. Nach 5 Tagen waren bereits über 60 % des Ködersubstrates ausgefressen. In unseren Untersuchungen lag die durchschnittliche Expositionszeit über alle Standorte bei 14 Tagen, wobei diese kaum durch den Standort gekennzeichnet wurde, da sechs der neun Standorte eine Expositionsdauer von 13 bis 15 Tagen aufwiesen. Auffällig ist, dass die Standorte Lamme und Niedernjesa neben der höchsten Regenwurmdichte auch die höchste Fraßaktivität aufzeigten. Nach Kratz (1998) kann der Fraßaktivität keine eindeutige Beteiligung bestimmter Organismengruppen zugeordnet werden, da das Substrat für alle Bodenorganismen zugänglich ist. Gleichwohl zeigen Köderstreifenversuche eine erhöhte Fraßaktivität bei Anwesenheit von Regenwürmern (Gestel et al., 2003; Gongalsky et al., 2008). Allerdings kann, wie am Standort Bornitz, eine relativ hohe Regenwurmdichte auch mit einer vergleichsweise geringen Fraßaktivität einhergehen. Ausschlaggebend für diesen Effekt war vermutlich eine inaktive Phase der Regenwürmer durch Quieszenz während der von Trockenheit geprägten Expositionszeit und die Fähigkeit, diese bei günstigeren Umgebungsbedingungen schnell zu beenden. Ein hoher Einfluss des Standortes lag auch beim Minicontainer-Test vor. Im Vergleich zum Köderstreifen-Test werden bei diesem Test aufgrund der länger andauernden Exposition kurzfristige, ungünstige Witterungsschwankungen nivelliert. Dennoch führen längerfristige, trockene Bedingungen zu einer reduzierten Abbaurate, da die Bodenfauna bei feuchten und warmen Bodenverhältnissen aktiver ist.

Eine gesteigerte Dekomposition von Pflanzenrückständen bei einer hohen Regenwurmpopulation wurde bereits mehrfach belegt (z. B. Raw, 1962; Lofty, 1974; Mackay und Kladivko, 1985). Regenwürmer vermengen Pflanzenrückstände mit dem Boden und vergrößern deren Oberfläche durch ihre Zerkleinerungstätigkeit, wodurch das organische Material für Mikroorganismen verfügbar wird (Swift et al., 1979). Die auf den Pflanzenrückständen angesiedelten Mikroorganismen sind Nahrungsgrundlage für die Mikro- und Mesofauna. Im Minicontainer-Test wird durch die Gaze mit einer Maschenweite von 2 mm die Makrofauna (u. a. Regenwürmer) vom Zersetzungsprozess ausgeschlossen und das zuvor genannte Beziehungsgefüge somit beeinträchtigt. Das könnte der Grund dafür sein, weswegen die Standorte mit der höchsten Regenwurmdichte nicht die höchste Strohabbaurate aufwiesen. Es muss berücksichtigt werden, dass der Minicontainer-Test nur an drei Standorten durchgeführt wurde und das zweite Versuchsjahr die Repräsentativität dieser Ergebnisse erhöhen wird.

Für die Dekomposition sind hohe Bodentemperaturen und -feuchten als die bedeutendsten klimatischen Einflussgrößen einzustufen (Summerell und Burgess, 1989). Die mikrobielle Aktivität (Atmungsaktivität) war bei Untersuchungen von Willcock und Magan (2001) bei über 20 °C am höchsten. Dieser Temperaturbereich überschreitet deutlich den der optimalen Temperatur für die Aktivität der Regenwürmer. Die Letaltemperatur zweier dominanter Arten auf unseren Versuchsflächen, *L. terrestris* oder *A. caliginosa*, liegt bei 28 bzw. 26 °C (Edwards und Bohlen, 1996). Es lässt sich aus den für den Standort Hemmingen vorliegenden Witterungsdaten ableiten, dass die im Vergleich zu den Standorten Lamme und Niedernjesa höhere Jahrestemperatursumme und Jahresniederschlagssumme zu der höheren Abbaurate beigetragen haben könnten. Nach Sharkov und Iodko (1997) haben Bodeneigenschaften, wie z. B. die Textur, keinen Einfluss auf die Dekomposition.

In weiteren Untersuchungen werden die umfangreich erhobenen Bodenparameter und Witterungsdaten der Standorte noch in einer multifaktoriellen Analyse ausgewertet, um deren Beziehung zur Regenwurmpopulation und biologischen Aktivität der Bodenfauna aufzuzeigen.

Einfluss der Bodenbearbeitung

Der Einfluss der Bodenbearbeitungsintensität auf die Regenwurmpopulation ist in einer Vielzahl von Veröffentlichungen bereits beschrieben worden. Dabei wurden neben nachteiligen Effekten für die Regenwurmpopulation mit zunehmender Intensität (Mackay und Kladivko, 1985; Friebe und Henke, 1992; Gerschau, 1995; Stockfisch, 1997; Heisler et al., 1998; Forstreuter, 1999; Emmerling, 2001; Kladivko, 2001; Curry et al., 2002; Johnson-Maynard et al., 2007), neutrale (Hopp und Hopkins, 1946; Capowiez et al., 2009) sowie positive Populationsentwicklungen (Nuutinen, 1992; Boström, 1995) festgestellt.

Der Beprobung der Regenwurmpopulation im Herbst 2008 ging eine Beprobung im Frühjahr 2008 voraus. Der Einsatz des Pfluges im Herbst 2007 führte im Vergleich zum Mulchverfahren zu einer Reduzierung der Regenwurmdichte bis zur Frühjahrsbeprobung 2008 (nicht dargestellt). Im Mittel über alle Standorte ergab sich eine Populationsreduzierung von ca. 75 %. Der deutliche Populationsrückgang im Pflugsystem ist auf direkte und indirekte Einflüsse zurückzuführen (Edwards und Lofty, 1982). Direkte Einwirkungen entstehen durch mechanisch herbeigeführte Verletzungen sowie durch die Verfrachtung der Regenwürmer an die Bodenoberfläche mit der daraus resultierenden Exposition für Räuber. Indirekt werden Regenwürmer durch veränderte Habitatbedingungen in Form von zerstörten Gangsystemen sowie durch die Verlagerung der Nahrungsgrundlage von der Bodenoberfläche in tiefere Bodenschichten beeinflusst (hauptsächlich betroffen sind anözische Arten wie z. B. *L. terrestris*).

Im Gegensatz dazu bietet das extensive Mulchverfahren den Regenwürmern durch die Streuauflage ein besseres Nahrungsangebot und der gesamten Bodenfauna durch positiv veränderte Bodenkennwerte (z. B. Bodentemperatur und -feuchte) und geringer gestörte Habitate einen günstigeren Lebensraum. Zusätzlich können der Zeitpunkt der Durchführung und die anschließenden Witterungsverhältnisse sowie der Bodentyp den Stressoreffekt der Bodenbearbeitung verstärken oder abschwächen. Aus der Herbstbeprobung ging hervor, dass über alle Standorte im Pflugsystem verglichen mit dem Mulchsystem ein höherer Populationszuwachs im Zeitraum zwischen beiden Beprobungsterminen vorlag. Die Regenwurmpopulation im Pflugsystem erreichte im Herbst im Mittel über alle Standorte mit rund 75 Tieren m^{-2} eine Dichte, welche im Mulchsystem bereits im Frühjahr existierte.

Es ist anzunehmen, dass sich der geringere Unterschied im Herbst zwischen beiden Bodenbearbeitungssystemen auf zwei Besonderheiten zurückführen lässt: Einerseits auf die hohe Reproduktionsleistung der Population im Laufe der Vegetationsperiode im Pflugsystem und andererseits auf den begrenzten Zuwachs infolge eines limitierten Nahrungsangebotes im Mulchsystem. Eine ähnliche Entwicklung wurde bereits von Boström (1995) beobachtet. Nach einer deutlichen Reduzierung hat sich die Regenwurmpopulation in der gepflügten Variante (Grasland und Luzernenweide, Schweden) innerhalb eines Jahres in Dichte und Biomasse vollständig regeneriert, wobei einzelne Arten mit unterschiedlicher Sensibilität reagierten. So zeigte die tiefgrabende Art *L. terrestris* weiterhin ein signifikant geringeres Vorkommen im Vergleich zur unbearbeiteten Kontrolle auf, die Dichte der endogäischen Art *A. caliginosa* nahm hingegen zu. Auch Capowiez et al. (2009) stellten eine signifikant höhere Dichte der zuletzt genannten Art bei konventioneller Bodenbearbeitung fest. Es besteht die Möglichkeit, dass der vorübergehende Effekt des Pflugeinsatzes durch eine ausreichende Nahrungsgrundlage über einen gewissen Zeitraum kompensiert werden kann. Da die Zwischenfrucht jedoch untergepflügt wurde und die Zuckerrübe im Vergleich zu anderen Kulturen kaum Pflanzenrückstände bis zur Ernte bietet, stellt sich die Frage, ob einzelne Arten unterschiedlich zum Populationszuwachs beigetragen haben könnten.

Hinsichtlich der Effekte der Bodenbearbeitung auf die biologische Aktivität ist bekannt, dass sich die Biomasse und Atmungsaktivität der Mikroflora in der konventionellen Bodenbearbeitung relativ gleichmäßig über den Pflughorizont verteilt, wohingegen die konservierende Bearbeitung zu einer vertikal stratifizierenden Verteilung führt (Kreuter und Nitzsche, 2005). Nach Schmidt und Tebrügge (1989) werden durch die wendende Bodenbearbeitung über 60 % der Pflanzenrückstände in eine Bodentiefe von 15 bis 25 cm verlagert. Im Vergleich dazu verbleiben durch die Anwendung einer reduzierten Bodenbearbeitung knapp 90 % des Streumaterials in den oberen 10 cm des Bodens. Auch Koch und Stockfisch (2006) wiesen einen höheren Anteil organischen Materials und damit einhergehende höhere Kohlenstoff- und Stickstoffkonzentrationen in der oberen Krume nach langjährig nichtwendender Bodenbearbeitung nach. Eine zonierte bodenfaunistische Aktivität zeigte sich auch in den eigenen Untersuchungen. Die heterogene Verteilung der Streuauflage im Mulchverfahren führte dazu, dass vor allem die Mikroorganismen in der oberen Krume wegen des höheren Streuvorkommens über einen längeren Zeitraum aktiv waren, da die pflanzlichen Rückstände dort langsamer abgebaut werden. Verglichen mit der Streuanreicherung in der oberen Krume im Mulchsystem traten im Pflugsystem durch das Unterpflügen die Pflanzenrückstände in einen engen Kontakt zum Mineralboden sowie zu den Mikroorganismen und waren somit abbaufördernden Bodenbedingungen ausgesetzt (House und Parmelee, 1985). Die freigesetzten Nährstoffe können zu bestimmten Zeiten jedoch die Fähigkeit der Kulturpflanze, diese aufzunehmen, übersteigen (House und Parmelee, 1985).

Die Lockerungstiefe im Mulchsystem scheint zudem nur einen geringen Einfluss auf die Ausbildung einer stratifizierten biologischen Aktivität über die Bodentiefe zu haben (Kreuter und Nitzsche, 2005). Die im Projekt aufgetretenen verfahrenstechnischen Unterschiede in der Einarbeitungstiefe der Streu im Mulchsystem zwischen den Standorten von 5 bis 17 cm können diesbezüglich vernachlässigt werden.

Resultierend aus der höheren biologischen Aktivität in der oberen Krume des Bodens wurde im Mulchsystem verglichen mit dem Pflugsystem eine höhere Fraßaktivität an den Köderstreifen festgestellt. Eine höhere biologische Aktivität in der extensiveren Bodenbearbeitung wurde bereits mehrfach festgestellt (Heisler, 1998; Heisler und Brunotte, 1998; Kreuter und Nitzsche, 2005). Die homogenere Durchmischung des Bodens im Pflugsystem und die über die Zeit aufgrund eines sich verringernden Nahrungsangebotes reduzierte mikrobielle Aktivität führte auch in den eigenen Untersuchungen zu einer geringeren Fraßaktivität in den oberen Bodentiefen und zu einem weniger ausgeprägten Tiefengradienten. Mit zunehmender Bodentiefe verringerte sich der Anteil der eingearbeiteten Pflanzenrückstände im Mulchsystem, weshalb sich die Fraßaktivitäten beider Bodenbearbeitungssysteme in der Tiefe anglichen. Wie bereits erwähnt, kann die größere Regenwurmpopulation im Mulchsystem zusätzlich zur höheren Fraßaktivität beigetragen haben.

Auch die Strohabbauraten wiesen im Mittel über alle Standorte höhere Werte im Mulchsystem auf. Die Ergebnisse von Geissen und Brümmer (2000) zeigen, dass die Dekomposition von der verwendeten Streu und von den Bodeneigenschaften abhängig ist und der Einfluss der beteiligten Bodenfauna stark variieren kann. Im eigenen Versuch fand ein selektiver Ausschluss von Organismen > 2 mm durch eine die Container umhüllende Gaze statt. Das zum Einsatz gekommene Streumaterial bestand einheitlich aus Weizenstroh derselben Herkunft, so dass die Attraktivität aufgrund unterschiedlicher C:N-Verhältnisse (Lee, 1985) den Zersetzungsprozess nicht beeinträchtigen konnte. Dittmer und Schrader (2000) sowie Lenz und Eisenbeis (1998) stellten in ihren Versuchen fest, dass sich ein hoher Feuchtigkeitsgehalt des Strohs positiv auf die Abbaugeschwindigkeit auswirkt. Die dem Mulchverfahren zugrunde liegende Eigenschaft eines ausgeglichenen Bodenwasserhaushaltes und die ungestörtere Bodenfauna können zu dem höheren Abbau des exponierten Strohs über die gesamte erfasste Bodentiefe geführt haben.

Einfluss der Herbizid-Strategien

Die hohe herbizide Wirkung der so genannten Minimengen wurde bereits in mehrjährigen Feldversuchen bestätigt (Bruns et al., 2008). Darüber hinaus führte diese Strategie verglichen mit herkömmlichen Herbizid-Strategien zu keinen signifikant geringeren Erträgen in Zuckerrüben. Eine Ausnahme bildete das Auftreten von Problemverunkrautung.

Im Vergleich zu Standort und Bodenbearbeitung bestanden zwischen den drei Herbizid-Strategien die geringsten Abweichungen für die betrachteten ökologischen Bewertungsgrößen. An keinem der neun Standorte wies die Population der Regenwürmer signifikante Unterschiede zwischen den Herbizid-Strategien auf.

Das Umweltverhalten von Pflanzenschutzmitteln wird durch verschiedene abiotische und biotische Abbaumechanismen bestimmt, dazu zählen Photolyse, Hydrolyse oder mikrobielle Metabolisierung. Alle Mechanismen werden hauptsächlich von Umweltbedingungen beeinflusst und sind somit eng an die Standortbedingungen gekoppelt. Wichtige Einflussgrößen für den Abbau z. B. von Herbiziden stellen die Bodentextur, -temperatur, -feuchte, der pH-Wert sowie das organische Material dar. Sowohl mit sinkender Temperatur als auch Bodenfeuchte erhöht sich die Halbwertszeit von Herbiziden (Walker, 2006). Durch die Adsorption von Herbiziden an Pflanzenrückständen wird die Wirksamkeit reduziert (Banks und Robinson, 1986) und das Degradationsverhalten verändert (Locke et al., 2006).

Der Einfluss von Herbiziden auf die Regenwurmaktivität wurde auch von Gerschau (1995) untersucht. Aus den Untersuchungen geht hervor, dass kein Zusammenhang zwischen der Pflanzenschutzmittelanwendung und der Regenwurmaktivität bestand. Vielmehr hat die Intensität der Bodenbearbeitung einen bedeutenderen Einfluss auf die Regenwurmfauna (Gerschau et al., 1992). Dennoch gibt es langjährige Untersuchungen, bei denen durch die Anwendung von Pflanzenschutzmitteln eine reduzierte Regenwurmaktivität beobachtet wurde (z. B. Lee, 1985; Claupein, 1994). Von Bedeutung sind bei der Interpretation jedoch auch immer die untersuchten Wirkstoffgruppen und die chemisch-physikalischen Wirkstoffeigenschaften sowie der Zeitraum der Erhebungen. Herbizide haben aufgrund der Unkrautregulierung als Zielbestimmung mit dem daraus resultierenden Rückgang des Nahrungsangebotes größtenteils indirekte Auswirkungen auf Regenwürmer. Insektizide und vor allem Fungizide können jedoch toxisch auf Regenwürmer wirken und zu einem Populationsrückgang führen (Edwards und Bohlen, 1996). Die eigenen Ergebnisse erlaubten aufgrund des zeitlichen Abstandes von der letzten Herbizidapplikation bis zur Regenwurmbeprobung von drei bis vier Monaten über alle Standorte Aussagen zu kurz- bis mittelfristigen Auswirkungen. Diese können in Form einer kurzfristig akuten Mortalität oder einer chronischen Schädigung, z. B. durch Schadstoffanreicherung im Organismus als Folge aufgenommener, kontaminierter Nahrung (Bioakkumulation), auftreten.

Die beiden Screening-Methoden Minicontainer-Test und Köderstreifen-Test zur Erfassung der biologischen Aktivität zeigten ebenfalls über alle Standorte keine Unterschiede zwischen den Herbizid-Strategien. Trotz der Vielzahl der angewandten Wirkstoffe bei den Minimengen stellte sich keine veränderte Umweltwirkung im Vergleich zu den anderen Herbizid-Strategien heraus. Für beide Screening-Methoden wurde die Wirkung der Herbizid-Strategien unabhängig von Standort und Bodenbearbeitung betrachtet, so dass Interaktionen und Überlagerungseffekte durch z. B. die Bodenbearbeitung (Bauchhenß und Herr, 1988) ausgeschlossen werden können.

Beim Köderstreifen-Test zur Untersuchung chronischer Effekte wiesen alle drei Herbizid-Strategien über die gesamte Bodentiefe eine ähnliche Fraßaktivität auf. Das Weizenstroh in den Minicontainern war aufgrund der längeren Expositionszeit den herbiziden Wirkstoffen stärker ausgesetzt. Trotzdem wurden in Abhängigkeit der Herbizid-Strategien keine unterschiedlichen Abbauraten festgestellt. Die an der Dekomposition hauptsächlich beteiligten Mikroorganismen haben eine hohe Reproduktionsrate und könnten somit Beeinträchtigungen auf Populations- oder Gemeinschaftsebene besser kompensieren, wodurch z. B. akute Schäden über den Expositionszeitraum von etwa vier Monaten nivelliert werden konnten.

Fazit

Die Umweltwirkung von herbiziden Minimengen als innovative Herbizid-Strategie und deren Etablierung als Beitrag zum integrierten Pflanzenschutz in Zuckerrüben wurde vor dem Hintergrund untersucht, dass sie Veränderungen von Umweltrisiken hervorrufen können. Die Herbizid-Strategie Minimengen führte trotz ihrer hohen Anzahl an Wirkstoffen zu keinen bodenökologisch nachteiligen Effekten verglichen mit den Strategien mit einer geringeren Wirkstoffanzahl und 100 % sowie ≤ 50 % der zugelassenen Aufwandmenge. Der Behandlungsindex (BI) beschreibt die Intensität der Anwendung von Pflanzenschutzmitteln und kann daher als eine Kenngröße des integrierten Pflanzenschutzes angesehen werden. Mit einem BI von 1,9 führt der Einsatz der Minimengen trotz der höheren Anzahl von Herbiziden zu einem etwas niedrigeren BI als die Strategie mit zwei Herbiziden und 100 % der zugelassenen Aufwandmengen (BI = 2,0). Die praxisübliche Herbizid-Strategie mit drei Herbiziden und ≤ 50 % der zugelassenen Aufwandmenge weist zwar mit 1,4 einen geringeren BI als die Minimengen auf, erfasst aufgrund der geringeren Herbizidanzahl jedoch nicht das gleiche, umfangreiche Unkrautartenspektrum. Die ermittelten BI zeigen auf, dass die Bewertung der Intensität der Herbizid-Strategien nicht mit der Herbizidanzahl korreliert.

Der BI bezieht sich grundsätzlich nur auf die Anwendungsintensität von Pflanzenschutzmitteln, ohne dabei die Wirkung auf das Ökosystem aufzuzeigen. Daher wird in einem weiteren Teilprojekt das Umweltrisiko der zur Anwendung gekommenen Herbizid-Strategien bundesweit für verschiedene Kompartimente und Indikatoren in einer Risikoabschätzung mit dem Modell SYNOPS (Gutsche und Strassemeyer, 2007) simuliert.

Der Einsatz von Pflanzenschutzmitteln ist in letzter Zeit verstärkt in den Fokus der Gesellschaft gerückt. Ferner wird über eine Verarmung der Artenvielfalt bzw. einen Biodiversitätsverlust aufgrund der Intensität des Pflanzenschutzmitteleinsatzes (Geiger et al., 2010) berichtet. Die Ergebnisse aus unseren Untersuchungen zeigen jedoch für die Regenwurmpopulation und biologische Aktivität der Bodenfauna keine durch die Intensität der Herbizidanwendung verursachte Umweltwirkung. Die Herbizid-Strategien führten im Vergleich zu Standort und Bodenbearbeitung zu den bei weitem geringsten Unterschieden bei den Bewertungsgrößen. Eine abschließende Bewertung kann allerdings erst nach der Auswertung des zweiten Versuchsjahres erfolgen.

Danksagung

Die Förderung des Vorhabens erfolgt aus Mitteln des Bundesministeriums für Ernährung, Landwirtschaft und Verbraucherschutz (BMELV) über die Bundesanstalt für Landwirtschaft und Ernährung (BLE) im Rahmen des Programms zur Innovationsförderung. Der Dank gilt weiterhin den regionalen Arbeitsgemeinschaften für die Versuchsanlage und Unterstützung bei der Projektumsetzung. Darüber hinaus danken die Autoren allen beteiligten Kollegen des IfZ, insbesondere Kerstin Klapproth und Udo Curdt, für die tatkräftige Mithilfe bei Labor- und Freilandarbeiten.

Literatur

Banks, P.A.; Robinson, E.I. (1986): Soil reception and activity of acetochlor, alachlor, and metalachlor as affected by wheat (*Triticum aestivum*) straw and irrigation. Weed Sci. 34, 607-611

Bauchhenß, J.; Herr, S. (1988): Funktion der Bodentiere auf Flächen mit extensiver Bodenbearbeitung. Schule und Beratung III, 10-12

BBA (Biologische Bundesanstalt für Land- und Forstwirtschaft) (1994b): Richtlinie für die amtliche Prüfung von Pflanzenschutzmitteln, Teil VI, 2-3: Auswirkungen von Pflanzenschutzmitteln auf Regenwürmer im Freiland. Braunschweig

BMELV (Bundesministerium für Ernährung, Landwirtschaft und Verbraucherschutz) (2008): Nationaler Aktionsplan zur nachhaltigen Anwendung von Pflanzenschutzmitteln

Boström, U. (1995): Earthworm populations (*Lumbricidae*) in ploughed and undisturbed leys. Soil Till. Res. 35, 125-133

Bruns, C.; Ladewig, E.; Märländer, B. (2008): Strategien zur Reduktion des Herbizideinsatzes im Zuckerrübenanbau. J. Plant Dis. Protect. Special Issue XXI, 479-482

Capowiez, Y.; Cadoux, S.; Bouchant, P.; Ruy, S.; Roger-Estrade, J.; Richard,G.; Boizard, H. (2009): The effect of tillage type and cropping system on earthworm communities, macroporosity and water infiltration. Soil Till. Res. 105, 209-216

Claupein, W. (1994): Möglichkeiten und Grenzen der Extensivierung im Ackerbau - Wirkung der Bewirtschaftungsintensität auf die langfristige Produktivität und Stabilität von Agrarökosystemen und deren Umweltwirkung. Habilitationsschrift, Universität Göttingen

Curry, J.P.; Byrne, D. (1992): The role of earthworms in straw decomposition and nitrogen turnover in arable land in Ireland. Soil Biol. Biochem. 24, 1409-1412

Curry, J.P.; Byrne, D.; Schmidt, O. (2002): Intensive cultivation can drastically reduce earthworm populations in arable land. Eur. J. Soil Biol. 38, 127-130

DIN ISO (Deutsches Institut für Normung e.V., International Organization for Standardization) 11268-3: 2000-03 (2000): Bodenbeschaffenheit - Wirkung von Schadstoffen auf Regenwürmer - Teil 3: Anleitung für die Bestimmung von Wirkungen unter Freilandbedingungen. Berlin, Deutschland

Dittmer, S.; Schrader, S. (2000): Longterm effects of soil compaction and tillage on Collembola and straw decomposition in arable soil. Pedobiologia 44, 527-538

Edwards, C.A.; Bohlen, P.J. (1996): Biology and Ecology of Earthworms. Chapman and Hall, London

Edwards, C.A.; Lofty, J.R. (1977): Biology of Earthworms. Chapman and Hall, London

Edwards, C.A.; Lofty, J.R. (1982): The effect of direct drilling and minimal cultivation on earthworm populations. J. Appl. Ecol. 19, 723-734

Eisenbeis, G. (1993): Zersetzung im Boden. in: Ehrnsberger, R.(Hrsg.): Bodenmesofauna und Naturschutz, Bedeutung und Auswirkung von anthropogenen Maßnahmen. Inf. Natursch.

Landschaftspfl. 6, 53-76. Naturschutzverband Niedersachsen, Verlag Günter Runge, Cloppenburg

Emmerling, C. (2001): Response of earthworm communities to different types of soil tillage. Appl. Soil Ecol. 17, 91-96

EU (Europäische Union) (2009): Richtlinie 2009/128/EG des Europäischen Parlaments und des Rates vom 21. Oktober 2009 über einen Aktionsrahmen der Gemeinschaft für die nachhaltige Verwendung von Pestiziden. Amtsblatt der Europäischen Union vom 24.11.2009

Fischer, F.; Heimbach, U. (2010): Auswirkung verschiedener Herbizid-Strategien auf Laufkäfer (Carabidae) in Zuckerrüben. Sugar Industry / Zuckerind., Sonderheft 9. Göttinger Zuckerrübentagung, 36-40

Forstreuter, T. (1999): Bodenfruchtbarkeitskennwerte und Kulturpflanzenertrag in zwei Bodennutzungssystemen. Dissertation, Universität Göttingen

Friebe, F.; Henke, W. (1992): Regenwürmer und deren Abbauleistung bei abnehmender Bearbeitungsintensität. in: Friebe, B. (Hrsg.): Wechselwirkungen von Bodenbearbeitungssystemen auf das Ökosystem Boden. Beiträge zum 3. Symposium vom 12.-13. Mai 1992 in Gießen. Wiss. Fachverlag Dr. Fleck, 139-146

Geiger, F.; Bengtsson, J.; Berendse, F.; Weisser, W.W.; Emmerson, M.; Morales, M.B.; Ceryngier, P.; Liira, J.; Tscharntke, T.; Winqvist, C.; Eggers, S.; Bommarco, R.; Pärt, T.; Bretagnolle, V.; Plantegenest, M.; Clement, L.W.; Dennis, C.; Palmer, C.; Oñate, J.J.; Guerrero, I.; Hawro, V.; Aavik, T.; Thies, C.; Flohre, A.; Hänke, S.; Fischer, C.; Goedhart, P.W.; Inchausti, P. (2010): Persistent negative effects of pesticides on biodiversity and biological control potential on European farmland. Basic Appl. Ecol. 11, 97-105

Geissen, V.; Brümmer, G.W. (2000): Decomposition rates and feeding activities of soil fauna in deciduous forest soils in relation to soil chemical parameters following liming and fertilization. Biol. Fert. Soils 29, 335-342

Gerschau, M.-B. (1995): Auswirkung von Standortbedingungen und Extensivierungsmaßnahmen auf die Regenwurmaktivität und abhängige bodenphysikalische Kenngrößen. Dissertation, Universität Göttingen

Gerschau, M.-B.; Joschko, M.; Claupein, W.; Baeumer, K.; Larink, O. (1992): Einfluß der Bewirtschaftungsintensität auf die Regenwurmaktivität in einem Lößboden. Mitt. Ges. Pflanzenbauwiss. 5, 217-220

Gestel, C.A.M.; Kruidenier, M.; Berg, M.P. (2003): Suitability of wheat straw decomposition, cotton strip degradation and bait-lamina feeding tests to determine soil invertebrate activity. Biol. Fert. Soils 37, 115-123

Gisi, U.; Schenker, R.; Schulin, R.; Stadelmann, F.X.; Sticher, H. (1997): Bodenökologie. Thieme, Stuttgart, New York

Gongalsky, K.B.; Persson, T.; Pokarzheuskii, A.D. (2008): Effects of soil temperature and moisture on the feeding activity of soil animals as determined by the bait-lamina test. Basic Appl. Soil Ecol. 39, 84-90

Graff, O. (1984): Unsere Regenwürmer. Lexikon für Freunde der Biologie. Verlag Schaper, Hannover

Gummert, A.; Ladewig, E.; Märländer, B. (2010): Grundlagen und Bedeutung des integrierten Pflanzenschutzes (IPS) - Entwicklung von zuckerrübenspezifischen IPS- Leitlinien. Sugar Industry / Zuckerind. 135, Sonderheft 9. Göttinger Zuckerrübentagung, 11-18

Gutsche, V.; Strassemeyer, J. (2007): SYNOPS - Ein Modell zur Bewertung des Umwelt-Risikopotentials von chemischen Pflanzenschutzmitteln. Nachr. bl. Dtsch. Pflanzenschutzd. 59, 197-210

Heisler, C. (1998): Influence of tillage and crop rotation on biological activity. Agribiol. Res. 51, 89-97

Heisler, C.; Brunotte, J. (1998): Assessment of tillage with plough and conservation tillage by the bait-lamina-test after von Törne and by the abundances of springtails and predatory mites. Landbauforsch. Volk. 48, 78-85

Heisler, C.; Rogasik, H.; Brunotte, J.; Joschko, M. (1998): Conservation tillage and biological activity. Landbauforsch. Volk. 48, 199-212

Herr, S.; Bauchhenß, J. (1987): Einfacher Bestimmungsschlüssel für Regenwürmer. Schule und Beratung 2, 15-20

Hopp, H.; Hopkins, H.T. (1946): The effect of cropping systems on the winter population of earthworms. J. Soil Water Conserv. 1, 85-89; zitiert in: Chan, K.Y. (2001): An overview of some tillage impacts on earthworm population abundance and diversity - implications for functioning in soils. Soil Till. Res. 57, 179-191

House, G.J.; Parmelee, R.W. (1985): Comparison of soil arthropods and earthworms from conventional and no-tillage agroecosystems. Soil Till. Res. 5, 351-360

Jiménez, J.J.; Moreno, A.G.; Decaëns, T.; Lavelle, P.; Fisher, M.J.; Thomas, R.J. (1998): Earthworm communities in native savannas and man-made pastures of the Eastern Plains of Colombia. Biol. Fertil. Soils 28, 101-110

Johnson-Maynard, J.L.; Umiker, K.J.; Guy, S.O. (2007): Earthworm dynamics and soil physical properties in the first years of no-till management. Soil Till. Res. 94, 338-345

Kladivko, E.J. (2001): Tillage systems and soil ecology. Soil Till. Res. 61, 61-76

Kobel-Lamparsky, A.; Lamparsky, F. (1988): Methoden zur Erfassung der Regenwurmfauna. Mitt. bad. Landesver. Naturkunde u. Naturschutz 3, 631-638

Koch, H.J.; Stockfisch, N. (2006): Loss of soil organic matter upon ploughing under loess soil after several years of conservation tillage. Soil Till. Res. 86, 73-83

Kollmannsperger, F. (1955): Über Rhythmen bei Lumbriciden. Decheniana 108, 81-92

Kratz, W. (1998): The Bait-Lamina Test. General Aspects, Applications and Perspectives. Environ. Sci. & Pollut. Res. 5, 94-96

Kreuter, T.; Nitzsche, O. (2005): Biodiversität sächsischer Ackerflächen. Schriftr. Sächs. L. f. L., Jahrgang 10, Heft 9

Krück, S.; Joschko, M.; Schultz-Sternberg, R.; Kroschewski, B.; Tessmann, J. (2006): A classification scheme for earthworm populations (Lumbricidae) in cultivated agricultural soils in Brandenburg, Germany. J. Plant Nutr. Soil Sci. 169, 651-660

Kruskal, W.H.; Wallis, W.A. (1952): Use of ranks in one-criterion variance analysis. J. Am. Stat. Assoc. 47, 583-621

Ladewig, E. (2010). Vorstellung des Verbundprojektes Leitlinien integrierter Pflanzenschutz in Zuckerrüben. Sugar Industry / Zuckerind., Sonderheft 9. Göttinger Zuckerrübentagung, 5-10

Larink, O.; Sommer, R. (2002): Influence of coated seeds on soil organisms tested with bait lamina. Eur. J. Soil Biol. 38, 287-290

Lavelle, P. (1988): Earthworm activities and the soil system. Biol. Fertil. Soils 6, 23-251

Lee, K.E. (1985): Earthworms - Their Ecology and Relationships with Soils and Land Use. Academic Press, Sydney

Lenz, R.; Eisenbeis, G. (1998): An extraction method for nematodes in decomposition studies using the minicontainer-method. Plant Soil 198, 109-116

Locke, M.A.; Zablotowicz, R.M.; Weaver, M.A. (2006): Herbicide fate under conservation tillage, cover crop and edge of field management practices. in: Singh, H.P.; Batish, D.R.; Pal, B.P. (Hrsg.): Handbook of sustainable weed control. Haworth, Binghampton, 373-392

Lofty, J.R. (1974): Oligochaetes. in: Dickinson, C.H.; Pugh, G.F.(Hrsg.): Biology of Plant Litter Decomposition. Academic Press, London

Mackay, A.D.; Kladivko, E.J. (1985): Earthworms and rate of breakdown of soybean and maize residues in soil. Soil Biol. Biochem. 17, 851-857

Makeschin, F. (1997): Earthworms. in: Benckiser, G.; Dekker; M. (Hrsg.): Fauna in Soil Ecosystems. New York, 173-224

Nuutinen, V. (1992): Earthworm community response to tillage and residue management on different soil types in southern Finland. Soil Till. Res. 23, 221-239

OECD (Organisation for Economic Coorperation and Development) (1984): OECD-Guideline for Testing of Chemicals No. 207. Earthworm Acute Toxicity Test. Paris

PflSchG (Pflanzenschutzgesetz) (2009): Gesetz zum Schutz der Kulturpflanzen vom 14. Mai 1998 (BGBl. I S. 971, 1527, 3512), zuletzt geändert am 29. Juli 2009 (BGBl. I S. 2542)

Pommer, G. (1986): Zusammenfassende Diskussion. Bayer. Landw. Jb. 63, 1017-1019

Raw, F. (1959): Estimating earthworm populations by using formalin. Nature 184, 1661-1662

Raw, F. (1962): Studies of earthworm populations in orchards. 1. leaf burial in apple orchards. Ann. Appl. Biol. 50, 389-404

Roßberg, D.; Ladewig, E.; Lukashyk, P. (2008): NEPTUN 2007 - Zuckerrüben. Berichte aus dem JKI 145

Schmidt, D.; Tebrügge, F. (1989): Stand der Technik, Entwicklungstendenzen und Forschungsbedarf bei der Sätechnik Mulchsaat von Getreide. KTBL Arbeitspapier130, 32-47

Sharkov, I.N.; Iodko, S.L. (1997): Comparative study of transformation of C-14-labeled wheat straw in different soils. Eurasian Soil Sci. 30, 403-406

Stockfisch, N. (1997): Strohabbau durch Mikroorganismen und Regenwürmer in zwei Bodenbearbeitungssystemen. Dissertation, Universität Göttingen

Summerell, B.A.; Burgess, L.W. (1989): Decomposition and chemical composition of cereal straw. Soil Biol. Biochem. 21, 551-559

Swift, M.J.; Heal, O.W.; Anderson, J.M. (1979): Decomposition in terrestrial ecosystems. Studies in Ecology. Blackwell, Oxford

Törne, E. von (1990): Assessing feeding activities of soil living animals. I. Bait-lamina-test. Pedobiologia 34, 89-101

Walker, A. (2006): Evaluation of a simulation model for prediction of herbicide movement and persistence in soil. Weed Res. 27, 143-152

Willcock, J.; Magan, N. (2001): Impact of environmental factors on fungal respiration and dry matter losses in wheat straw. J. Stored Prod. Res. 37, 35-45

3. Manuskript 2:

Impact of herbicide application intensity in relation to environment and tillage on earthworm population in sugar beet in Germany

ANDREAS MARWITZ, ERWIN LADEWIG & BERNWARD MÄRLÄNDER

European Journal of Agronomy (2012) 39:25-34

Abstract

The application of herbicides in sugar beet (*Beta vulgaris* L.) is essential to prevent yield loss due to weed competition. According to German regulations, herbicides can be applied in mixtures with variable intensities. The ecological impact of the resulting strategies is still poorly understood. However, it was hypothesized that the influence of herbicide strategies on earthworm abundance, biomass, and diversity is minor compared to environment and tillage intensity in sugar beet. Therefore, additional specific factor variation seemed to be a prerequisite for getting valuable results. The herbicide strategies were applied in a ploughing system and a mulching system in 19 environments (site × year) in Germany in 2008 and 2009. Earthworm expulsions were carried out in spring and autumn with 2,204 samples in total. The earthworm population was determined by environment and tillage system rather than by herbicide strategies. The environments displayed the largest variability in earthworm abundance, ranging from 12 to 195 individuals m^{-2}, and a considerable variation in the occurrence of earthworm species. In spring, the deleterious impact of ploughing, with 80% lower mean earthworm abundance compared to the mulching system, was observed across all environments. During vegetation, the stronger increase in earthworm population in the ploughing system did not compensate for the initial differences. Regardless of intensity, the herbicide strategies were not accompanied by corresponding detrimental effects on earthworms between each other. In conclusion, the earthworm population was subjected to a multiplicity of influencing factors and the results markedly demonstrated for the first time the negligible effect of herbicide application intensity in sugar beet.

Keywords: *Beta vulgaris*, Low dosage rate, Integrated weed management, Treatment index, Biodiversity

Introduction

Agriculture is constantly facing new challenges regarding ecological, economical, and social demands for sustainable development. In particular, protecting and enhancing the ecological impacts of crop production gain increasing importance, e.g. in relation to biodiversity. In Germany, plant protection policy follows the 'National Action Plan on Sustainable Use of Plant Protection Products' which highlights the need for reduced agricultural impact on agroecosystems (BMELV, 2008).

Herbicides are the most commonly used pesticides in Germany (Roßberg et al., 2002) and play an important role in weed control strategies (El Titi, 2003) in order to sustain and ensure crop yield (Kudsk and Streibig, 2003). They may also affect the faunal biodiversity of agroecosystems (Hendrix and Parmelee, 1985; Freemark and Boutin, 1995; Wardle et al., 1995) because weeds provide food resources and habitats (Marshall et al., 2003).

In sugar beet (*Beta vulgaris* L.), weed control is essential to avoid substantial yield loss (Märländer et al., 2003). Consequently, herbicides are extensively used in sugar beet in almost 100% of the conventionally cultivated fields in Germany (Roßberg et al., 2010). They account for approximately 70% of the total use of pesticides in sugar beet (Ladewig et al., 2009). In general, herbicides do not cause significant stress to crops (Zoschke and Quadranti, 2002). However, in sugar beet certain combinations of herbicides may reduce yield by 5% (Pfleiderer et al., 2001) though yield loss increases to 90% when weed control is lacking (Petersen, 2004).

The distribution of weed species differs according to their habitat preferences. Consequently, the occurrence of certain species varies markedly between fields (John and Gerowitt, 2008). Therefore, application rates and active ingredients (a.i.) of herbicides have to be flexibly adapted to the field specific weed flora. In sugar beet, weeds can be most effectively controlled in their cotyledon stage and herbicide applications are mainly carried out post-emergence three to five times. Application mostly contains two to three herbicides with slightly reduced rates compared to the authorized application rate. Commonly, strongly reduced application rates (low dosage) with a higher number of herbicides provide a promising alternative to the strategies with higher intensity.

The ecotoxicological behaviour of herbicides and their a.i. are investigated intensively before approval by the German Federal Office of Consumer Protection and Food Safety (BVL) in collaboration with further evaluation authorities. Nonetheless, the ecological impact of mixtures of several herbicides is still poorly understood and, in particular, research concerning the effects on soil faunal biodiversity is required. In this study, the impact of herbicide application intensity on soil faunal biodiversity in sugar beet was assessed using 'earthworms' (Lumbricidae) as an indicator due to their significant impact on soil fertility and productivity (Buckerfield et al., 1997; Eriksen-Hamel and Whalen, 2007). The high variability of earthworm populations across regions and the relatively unambiguous ecological consequences of tillage practices are well-known and frequently published (reviewed by Chan, 2001; Holland, 2004). In order to get valuable results assessing the herbicide application intensity, two additional specific factors, 'tillage system' and 'environment' were employed in 19 trials in 2008 and 2009 on fields cultivated for many years with reduced tillage. It was hypothesized that the influence of herbicide strategies on earthworm abundance, biomass, and diversity is minor compared to environment and tillage intensity, consequently a large research effort was necessary to determine these small differences.

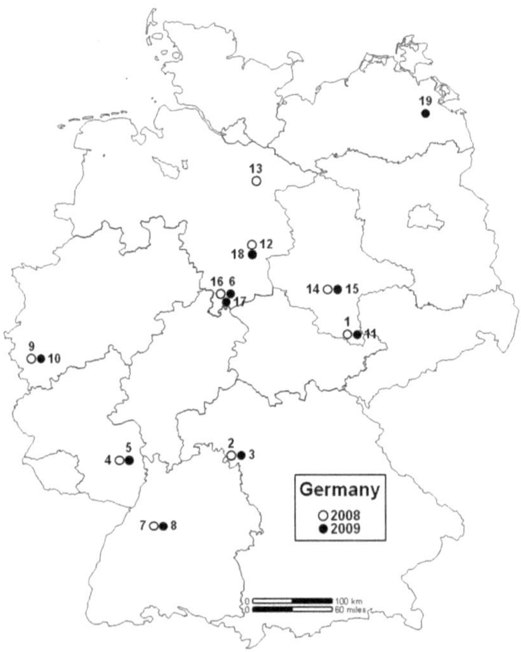

Fig. 1: Field trial sites, Germany 2008/2009.

Material and methods

Site and cultivation setup

The field trials were established in 2008 and 2009 at 19 sites in Germany (Fig. 1). The sites represented typical sugar beet growing regions with different soil types and weather conditions (Table 1). Generally, the soil had been managed by reduced tillage for many years and the weed population did not include hard-to-control species. Management practices (e.g. N-fertilization and seedbed preparation) were carried out site-specifically, whereas the previous crop was either winter wheat (*Triticum aestivum*) or barley (*Hordeum vulgare*) at all sites in order to avoid different influences on soil fauna, namely in relation to habitat and attractiveness (palatability) of organic material. Yellow mustard (*Sinapis alba*) was consistently cultivated as intercrop. Sugar beet were sown in March or April (row width of 0.45 m).

Table 1: Soil and climatic characteristics of the field trial sites, Germany 2008/2009.

site	altitude a.s.l. (m)	soil type	texture	Soil valuation index[a]	pH-value[b] (± SD)	temperature[c] (Ø, °C)	precipitation[d] (Σ, mm)	plot dimension[e] (m²)
1	163	Luvic Phaeozem	Clay silt	84	6.7 ± 0.2	9.8	615	108
2	275	Haplic Luvisol	Clay silt	78	7.1 ± 0.3	9.8	607	108
3	293	Haplic Luvisol	Clay silt	72	6.7 ± 0.1	10.5	630	108
4	280	Calcic Luvisol	Clay silt	78	7.4 ± 0.2	10.5	436	120
5	287	Calcic Regosol	Loamy silt	75	7.4 ± 0.1	9.9	639	120
6	147	Gleyic Chernozem	Clay silt	77	7.3 ± 0.1	8.9	617	108
7	345	Luvisol	Clay silt	72	6.8 ± 0.2	10.4	690	340
8	335	Luvisol	Clay silt	78	7.1 ± 0.1	11.3	931	389
9	100	Luvisol	Clay silt	75	6.7 ± 0.2	10.7	650	86
10	105	Luvisol	Clay silt	75	6.8 ± 0.2	9.5	650	97
11	168	Stagnic Phaeozem	Silty loam	72	7.2 ± 0.2	9.1	520	108
12	80	Stagnic Cambisol	Sandy loam	55	7.1 ± 0.1	10.3	621	338
13	51	Luvisol	Sandy loamy silt	65	6.4 ± 0.2	9.8	768	105
14	62	Chernozem	Clay silt	96	7.3 ± 0.2	10.4	470	105
15	157	Gleyic Phaeozem	Clay silt	85	7.3 ± 0.2	9.1	469	108
16	162	Luvisol	Clay silt	80	6.3 ± 0.2	9.7	575	340
17	165	Luvic Phaeozem	Clay silt	83	6.8 ± 0.2	8.9	617	340
18	75	Stagnic Cambisol	Loamy sand	56	6.5 ± 0.2	8.8	618	338
19	18	Luvisol	Sandy loam	48	6.3 ± 0.3	8.4	540	151

[a] German index to classify soil quality (max = 100).
[b] Analyzed to soil depth of 1 m (*n* = 3 to 6).
[c] Mean annual temperature.
[d] Total annual precipitation.
[e] Due to further experiments in plots > 300 m² dimension varied across sites.

Field trial design and treatments

Fields under long-term conservation tillage were preferably selected and subdivided into two different tillage systems: conventional (ploughed to 0.25-0.30 m depth, referred to as ploughing system) and reduced tillage (shallow soil mixing to 0.05-0.17 m depth with a rotary harrow for stubble cultivation and a rototiller for seedbed preparation, referred to as mulching system). Yellow mustard residues in the mulching system were left *in situ*. Three herbicide strategies were randomly assigned to the tillage systems. This split-plot design created one replication for each tillage system per site and four replications for each herbicide strategy per tillage system. Hence, the field consisted of 24 plots of at least 86 m^2 (Table 1). The three herbicide strategies were combinations of various amounts of a.i. and application rates (Table 2) whose modes of action depended on contact with foliage and/or soil.

Table 2: Herbicide strategies (HSs) in the field trials.

HS	Herbicide	PET[a]			Total application rate	Share of authorized application rate	Active ingredient			*TI*[b]
		1	2	3			Trivial name	Share	Total rate	
		($kg\ ha^{-1}$ or L ha^{-1})			($kg\ ha^{-1}$ or L ha^{-1})	(%)		(%)	($kg\ ha^{-1}$ or L ha^{-1})	
1	Goltix 700 SC	1	2	2	5	100	Metamitron	0.70	3.5	2
	Betanal Expert	1.75	1.75	1.75	5.25	100	Desmedipham Ethofumesate Phenmedipham	0.025 0.15 0.075	0.13 0.79 0.39	
2	Goltix 700 SC	0.8	0.8	0.8	2.4	48	Metamitron	0.70	1.68	1.42
	Betanal Expert	0.8	0.8	0.8	2.4	46	Desmedipham Ethofumesate Phenmedipham	0.025 0.15 0.075	0.06 0.36 0.18	
	Rebell	0.8	1	1.2	3	48	Chloridazon Quinmerac	0.40 0.05	1.2 0.14	
3	Goltix 700 SC	0.35	0.7	0.7	1.75	35	Metamitron	0.70	1.23	1.87
	Betanal Expert	0.61	0.61	0.61	1.83	35	Desmedipham Ethofumesate Phenmedipham	0.025 0.15 0.075	0.05 0.28 0.14	
	Rebell	0.29	0.58	0.88	1.75	35	Chloridazon Quinmerac	0.40 0.05	0.70 0.09	
	Spectrum	0.05	0.11	0.16	0.32	35	Dimethenamid-p	0.72	0.23	
	Debut + (surfactant[c])	*0.01* (0.08)	*0.01* (0.08)	*0.01* (0.08)	*0.03* (0.25)	35	Triflusulfuron-methyl	0.48	*0.01*	
	Lontrel 100	0.14	0.14	0.14	0.42	11.7	Clopyralid	0.10	0.04	
	Oleo FC[d]	0.35	0.35	0.35	1.05	35				

[a] Post-emergence treatment.
[b] Treatment index.
[c] Adjuvant consisting of isodecyl alcohol ethoxylate.
[d] Adjuvant consisting of paraffin oil and emulsifiers.

All applications were split into three post-emergence treatments (PET) and represent a range of application practices conforming to the existing German regulations. Herbicide strategies consisted of different levels of the national authorized application rate per application date: 100% (strategy 1 with four a.i.), < 50% (strategy 2 with six a.i.) and ≤ 35% (strategy 3 with nine a.i.). Applications were carried out in intervals of 8-24 days across the sites in order to get the best efficacy by treating the weeds in their cotyledon stage corresponding to practical measures.

Earthworm sampling procedure

Expulsions were carried out biannually in spring (February till April) and in autumn (September and October) with formalin (Raw, 1959; ISO, 1999). For expulsion, wooden frames with an area of 0.5 m × 0.5 m were positioned and 5 L of a 0.2% formalin expellant (aqueous formaldehyde) was poured on the soil surface within the frame. Fully emerged earthworms were collected on the soil surface within 15 min and preserved in an 80% ethanol solution. The procedure was subsequently repeated for another 15 min.

Due to the heterogeneous distribution of earthworms in the soil (Poier and Richter, 1992), a relatively high number of samples were taken for each investigated factor. Before sugar beet sowing in spring, ten samples were taken in the paths between the prospective plots in each tillage system in order to avoid formalin contamination of the later established cultivation areas. In autumn, four samples were taken in each replication of the three herbicide strategies and both tillage systems (96 samples per site). Considering border effects, the minimum distance between the frames and the adjacent plot was at least 1 m enclosing two to three sugar beet plants. As earthworms are very sensitive to soil disturbance, expulsions were not conducted on traffic lines to obviate any impact of soil compaction (Pižl, 1992; Söchtig and Larink, 1992).

In the laboratory, earthworms were differentiated by age, counted, and weighed. Clitellated earthworms were classified as adult and non-clitellated as juveniles. Incomplete specimen fragments which had only tails or heads were discarded. The adult earthworms were identified to species level (Herr and Bauchhenß, 1987) and classified into ecological groups regarding their morphological character, habitat preferences, and feeding behaviour (Bouché, 1977). Species which reside mainly in the upper organic layers are called epigeic. Endogeic species live in temporary horizontal burrows in the upper mineral soil layers, whereas anecic species live in permanent vertical burrows.

Data analysis

Statistics were performed using the software package SAS for Windows (SAS, version 9.2, SAS Institute Inc.) unless stated otherwise. Graphics were created using the software package SigmaPlot (version 11.0, Systat Inc.).

The intensity of herbicide strategies was calculated using the dimensionless treatment index (*TI*). This index is an appraisal of the total pesticide rate used (study-related herbicides in herbicide strategies) and treated area relative to the authorized application rate and total crop area (in this study 100% of crop area was treated) (Roßberg et al., 2010). The *TI* was calculated per application (i) and cumulated specifically across the three application dates for each strategy (1).

$$TI = \sum_{i=1}^{n} \left(\frac{\text{actual application rate}_i}{\text{authorized application rate}_i} \times \frac{\text{treated area}_i}{\text{total crop area}_i} \right) \qquad (1)$$

The relative abundance of adult earthworms was assessed by means of dominance classes (Engelmann, 1978). This method enables a classification from sporadic (0-0.31%) to eudominant (32-100%) species. In this study, species with a relative abundance $\geq$ 3.2% were classified as dominant. The linear relation between earthworm abundance and earthworm biomass was analyzed by Pearson's coefficient of correlation (r) using SigmaPlot. Effects of tillage system and herbicide strategy on adult earthworms were further assessed using Shannon's diversity index (H') (2) and evenness (E) (4) as ecological criteria. These indices describe the species' richness (number of species) as a function of the relative species abundance and the equitability (relative commonness). Both indices were calculated for tillage system and herbicide strategy at each site.

$$H' = -\sum_{i=1}^{S} p_i \cdot \ln p_i \qquad (2)$$

where

$$p_i = n_i / N \qquad (3)$$

Values for H' were calculated by multiplying the relative species abundance p_i by the natural logarithm of the species abundance n_i to the total earthworm abundance N ratio.

In addition, E accounts for the proportion or homogeneity of species abundance and is expressed as H' divided by the natural logarithm of the total number of species s (H'_{max}).

$$E = H'/\ln s \tag{4}$$

The Mann-Whitney test (U-test), a test for non-normally distributed variables, was applied to pair-wise compare the effects of the factor tillage system on H' and E for both sampling dates. Nonparametric analysis of variance (ANOVA, H-test) was conducted to estimate the effect of herbicide strategies. For both tests, the data evaluation was carried out with SigmaPlot.

For the statistical analysis, the combination of site and year was regarded as the environment. Tillage specific effects were calculated across environments based on one replication per site. The ANOVA was performed across all environments for spring and autumn separately. For both seasons, the values for environment, tillage system, and herbicide strategy were analyzed performing an appropriate mixed model (Piepho et al., 2003, Proc Mixed procedure of SAS). The model prerequisites homoscedasticity and normal distribution of residuals were judged based on residual plots, histograms, and Q-Q plots. The assumptions were met for most of the analyzed response variables for earthworm population (biomass and abundance of the total, adult, and juvenile earthworm population). In order to represent diverse sugar beet cultivation by a large variation of environments (19 sites in 2 years), it was more appropriate to regard the environment as a fixed factor. Tillage was repeated across environments and this interaction was analyzed as a main-plot factor which was treated as a fixed effect. Herbicide strategies represented a randomization unit in each tillage system within 12 plots and were considered as a fixed factor. For the repeated measurements at separate locations within plots (subplot) a variance-covariance matrix with the environment was adopted. Post hoc multiple comparisons were conducted following the Tukey and Kramer adjustment. The level of statistical significance was set at $^{*}P \leq 0.05$, $^{**}P \leq 0.01$, and $^{***}P \leq 0.001$.

Results

48,184 earthworms were collected in total, of which 24% were adults and 76% were juveniles. The adult earthworms comprised nine different species (Table 3). *Aporrectodea caliginosa* (Savigny, 1826), *Allolobophora chlorotica* (Savigny, 1826), and *Lumbricus terrestris* (Linnaeus, 1758) were the most numerous adult species. Their dominances were relatively unchanged across seasons and tillage systems (34.4%, 26.6%, and 28.6%, respectively).

Aporrectodea rosea (Savigny, 1826) and *Octolasium lacteum* (Orley, 1885) were less abundant with an average dominance of 4.8% and 3.4%, respectively, again without changes in their dominance across season or tillage system. These five species (referred to as dominant species) occurred generally more frequently across the seasons in the mulching system compared to the ploughing system. However, their occurrence in the ploughing system mainly increased from spring to autumn. In the present study, these dominant species (endogeic and aneic) were considered to assess the ecological impact of environment, tillage system, and herbicide strategy.

Table 3: Spatial and temporal dominance and occurrence of adult earthworm species in relation to season and tillage system (p = plough, m = mulch), (n = 19), Germany 2008/2009.

Species	Ecological group	Dominance (%)					Occurrence (number of sites)			
		Spring		Autumn		Ø[a]	Spring		Autumn	
		p	m	p	m		p	m	p	m
Aporrectodea caliginosa	Endogeic	29.2	36.6	35.8	35.8	34.4	11	18	19	19
Allolobophora chlorotica	Endogeic	34.4	20.7	25.7	25.4	26.6	8	9	11	10
Aporrectodea limicola	Endogeic	0	2.1	0	0	0.5	0	2	0	0
Allolobophora longa	Anecic	0	0.6	1.3	0.5	0.6	0	1	2	3
Aporrectodea rosea	Endogeic	1.3	7.8	4.3	5.7	4.8	2	2	12	17
Lumbricus rubellus	Epigeic	0	1.5	0.4	0.7	0.7	0	3	1	1
Lumbricus terrestris	Anecic	30.7	26.2	29.6	28.0	28.6	8	15	17	18
Octolasium cyaneum	Endogeic	0.7	0.5	0.2	0.6	0.5	1	6	4	8
Octolasium lacteum	Endogeic	3.7	4.0	2.7	3.3	3.4	3	6	11	12
		100	100	100	100	100				

[a] Average across season and tillage system.

Earthworm abundance correlated positively with earthworm biomass. Pearson's coefficient of correlation ranged from 0.31 to 0.91 and the linear relation between both variables was highly significant across all environments (Table 4). Consequently, the results are presented only for earthworm abundance.

The abundance of total, adult, and juvenile earthworms, respectively, was significantly affected by environment and tillage system with a significant interaction in both seasons (Table 5). Herbicide strategy did not significantly affect the earthworm population neither as a single factor nor in interaction with other factors.

Table 4: Pearson's coefficient of correlation (*r*) of earthworm abundance and biomass for 19 environments, Germany 2008/2009.

Environment	1	2	3	4	5	6	7	8	9	10
r	0.608***	0.305***	0.627***	0.813***	0.729***	0.568***	0.516***	0.660***	0.338***	0.836***
Environment	11	12	13	14	15	16	17	18	19	
r	0.860***	0.501***	0.669***	0.670***	0.911***	0.459***	0.486***	0.509***	0.540***	

*** Significance: $P \leq 0.001$.

Table 5: Earthworm abundance (total and of age levels) as affected by herbicide strategy (HS) and other factors as well as their respective interactions in spring and autumn in sugar beet. Analysis of variance (mixed model) and post hoc multiple comparison (Tukey and Kramer adjustment), Germany 2008/2009.

Season	Factor	d.f.	Parameters (age level)		
			Abundance		
			Total	Juvenile	Adult
Spring[a]	Environment[b]	18	***	***	***
	Tillage system[c]	1	***	***	***
	Environment x tillage system	18	***	***	***
Autumn[a]	Environment	18	***	***	***
	Tillage system	1	***	***	***
	HS[d]	2	n.s.	n.s.	n.s.
	Environment x HS	36	n.s.	n.s.	n.s.
	Environment x tillage system	18	***	***	***
	HS x tillage system	2	n.s.	n.s.	n.s.
	Environment x HS x tillage system	36	n.s.	n.s.	n.s.

[a] *n* in relation to factors tested. *n* represents data sample size of wooden frames for earthworm expulsion (spring $n = 380$ and autumn $n = 1{,}824$).
[b] Environment = site x year.
[c] Tillage system = ploughing system and mulching system.
[d] For details see table 2.
*** Significance: $P \leq 0.001$.
n.s.= nonsignificant.

Environment and tillage system as well as their interaction also had a significant influence on the dominant species of adult earthworms in spring and in autumn (Table 6). The abundance of *A. rosea* did not show a significant interaction of environment and tillage system in spring. Significant main effects of herbicide strategies did not occur, but significant interactions related to herbicide strategies were found for *A. caliginosa*, *A. rosea*, and *O. lacteum*.

In both seasons, the total abundance of earthworms was significantly lower on average in the ploughing system compared to the mulching system across environments (Fig. 2A). Differences were highest among environments, being more distinctive in 2009 (Fig. 2B). In spring, the abundance was markedly reduced in the ploughing system compared to the mulching system and generally increased in both tillage systems until autumn. This effect was even stronger in the ploughing system than in the mulching system.

The total abundance and biomass of earthworms did not significantly differ among the herbicide strategies in both tillage systems (Fig. 3), being one third lower in the ploughing system compared to the mulching system.

Table 6: Abundance of dominant adult earthworm species as affected by herbicide strategy (HS) and other factors as well as their respective interactions in spring and autumn in sugar beet. Analysis of variance (mixed model) and post hoc multiple comparison (Tukey and Kramer adjustment), Germany 2008/2009.

Factor	Parameters (species)									
	d.f.	*A. caliginosa*	d.f.	*A. chlorotica*	d.f.	*L. terrestris*	d.f.	*A. rosea*	d.f.	*O.lacteum*
Spring		(*n* = 380)		(*n* = 220)		(*n* = 300)		(*n* = 240)		(*n* = 160)
Environment[a]	18	***	10	***	14	***	11	*	7	***
Tillage system[b]	1	***	1	***	1	***	1	***	1	**
Environment x tillage system	18	***	10	***	14	***	11	n.s.	7	*
Autumn		(*n* = 1,824)		(*n* = 1,344)		(*n* = 1,728)		(*n* = 1,632)		(*n* = 1,440)
Environment	18	***	13	***	17	***	16	***	14	***
Tillage system	1	***	1	***	1	***	1	***	1	***
HS[c]	2	n.s.	2	n.s.	2	n.s.	2	n.s.	2	n.s.
Environment x HS	36	n.s.	26	n.s.	34	n.s.	32	n.s.	28	n.s.
Environment x tillage system	18	***	13	***	17	***	16	***	14	***
HS x tillage system	2	n.s.	2	n.s.	2	n.s.	2	*	2	**
Environment x HS x tillage system	36	*	26	n.s.	34	n.s.	32	n.s.	28	n.s.

[a] Environment = site x year.
[b] Tillage system = ploughing system and mulching system.
[c] For details see table 2.
Significance: $^{*}P \leq 0.05$, $^{**}P \leq 0.01$, and $^{***}P \leq 0.001$, n.s. = nonsignificant, total sample size in parenthesis.

The abundance of the five dominant species differed significantly between the tillage systems in both seasons (Fig. 4). Although species abundance in the ploughing system increased more rapidly during vegetation, the abundance in autumn was still lower compared to the mulching system.

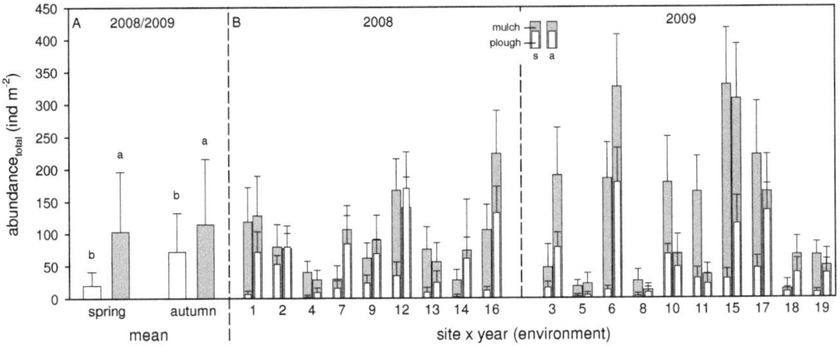

Fig. 2: Total abundance of earthworms (juvenile + adult, ind = individuals) in sugar beet as affected by tillage system in different seasons (s = spring and a = autumn). Different letters above bars indicate significant differences ($P \leq 0.001$). Means and standard deviations across 19 environments (spring n = 190 and autumn n = 912) (A) and for 19 environments (spring n = 10 and autumn n = 48 as the mean over herbicide strategies) (B), arranged first chronologically and named alphabetically by the numbers, Germany 2008/2009.

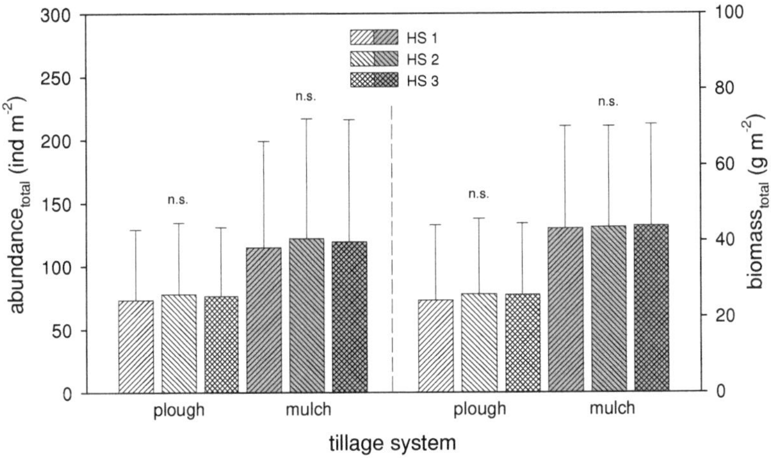

Fig. 3: Total abundance and biomass of earthworms (juvenile + adult, ind = individuals) in sugar beet as affected by herbicide strategy (HS) across each tillage systems in autumn. Means and standard deviations across 19 environments (n = 304), n.s. = nonsignificant, Germany 2008/2009.

Contrary to the significant interactions of herbicide strategy with environment and/or tillage system, respectively, in the mixed model analysis for *A. caliginosa*, *A. rosea*, and *O. lacteum* (Table 6), the abundances of all dominant species were fairly evenly distributed across the herbicide strategies within each tillage system. The multiple comparisons revealed significant differences of herbicide strategies between the tillage systems (data not shown).

In spring, Shannon's diversity index and evenness were significantly lower in the ploughing system compared to the mulching system. In autumn, similar values were found for both tillage systems and across herbicide strategies.

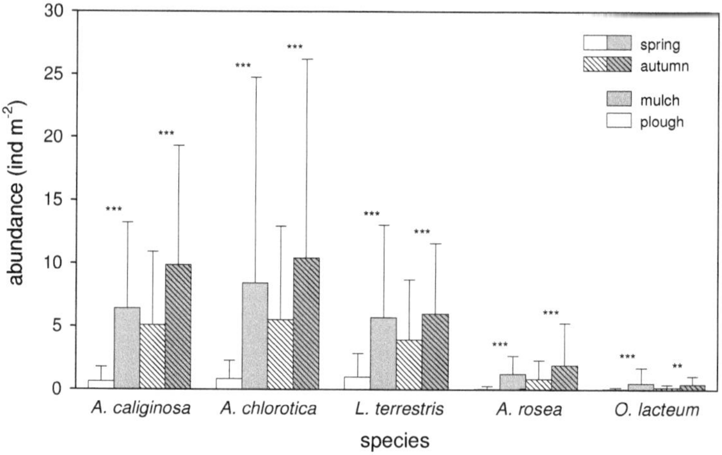

Fig. 4: Abundance of dominant adult earthworm species (ind = individuals) in sugar beet as affected by tillage system in different seasons. Means and standard deviations for samples across 2 to 19 environments (n = 80 to 912). Differences between tillage systems ascertained by Tukey and Kramer adjustment depending on season. Significance: $^{**}P \leq 0.01$, and $^{***}P \leq 0.001$, Germany 2008/2009.

Discussion

Methodological approach

The objective of this study was to quantitatively investigate the impact of different herbicide strategies on earthworm abundance, biomass, and diversity in sugar beet. It was hypothesized that the influence of herbicide strategies on these earthworm parameters is minor in relation to environment and tillage intensity. Therefore, to get valuable results additional specific factor variation seemed to be a prerequisite. Hence, herbicide strategies were applied in a ploughing system and a mulching system in 19 environments (site x year) in 2008 and 2009. For sugar beet cultivation in Central Europe, high representativeness and validity of the results were further gained by expulsion of earthworms in spring and autumn with 2,204 samples, in total. The suitability of this approach is valid, as shown by clear results even given the influence of complex associated factors over a relatively large spatial scale. This was particularly demonstrated by the highly significant correlation between earthworm abundance and biomass which has so far only been reported for small numbers of sites (Poier and Richter, 1992; Tarrant et al., 1997). In summary, the clear results justified the large research effort.

The chosen indicator 'earthworm' is inextricably linked with an accelerated decomposition of plant residues and to specific physical soil properties (Lee, 1985; Lavelle, 1988; Edwards and Bohlen, 1996). In comparison to other soil organisms, earthworms exhibit a high biomass, a long life-cycle as well as a low fecundity, and thereby they are sensitive indicators for long term effects of soil disturbances (Pommer, 1986; Edwards and Bohlen, 1996). The expulsion method per se is important to describe earthworm population (Čoja et al., 2008). In this study, formalin was used as an irritant being a non-destructive and non-tedious method, although this method might be disadvantageous for particular soil conditions and endogeic earthworms (Callaham and Hendrix, 1997; Schmidt, 2001). Furthermore, a relationship between earthworm population and soil temperatures or soil moistures measured on the expulsion day in both tillage systems was not detected across environments (data not shown).

The efficiency of earthworm expulsion was also described to be affected by the sampling date (Marinissen, 1992; Rosas-Medina et al., 2010) because changes in precipitation and temperature strongly influence earthworm activity and development (Lee, 1985; Edwards and Bohlen, 1996). Under agricultural conditions, earthworm populations are often stated to be highest in spring and autumn (Pižl, 1992; Capowiez et al., 2009). In the present study, expulsion dates within the seasons were also chosen due to technical reasons. In spring, expulsion was conducted before seedbed preparation and sugar beet sowing. Therefore, respective results strongly represent the impact of the factors tillage system and environment. In contrast, the earthworm population expelled in autumn was additionally influenced by the six month cultivation of sugar beet, including herbicide strategies. Earthworm abundance almost doubled, independent of environment and tillage system, during vegetation reflecting the promoting effect of sugar beet like intensive soil shadowing with green leaves until harvest.

Environment and tillage system

In this quantitative study, a wide range of soil and weather parameters were obtained by choosing 19 environments. These heterogenic conditions represent the highly productive sugar beet production in Central Europe and displayed a large variability of earthworm abundance ranging from 12 to 195 individuals m^{-2}. Furthermore, occurrence of earthworm species varied considerably across environments. Species occurrence can be closely related to soil properties like soil texture (Joschko et al., 2009), pH (Mele and Carter, 1999), organic carbon content (Poier and Richter, 1992), soil temperature, and water content (Edwards and Bohlen, 1996). High variability was also found in other studies describing large differences in species composition between farms (Tarrant et al., 1997) and year-to-year variations in earthworm abundance due to prevailing soil and weather conditions (Whalen, 2004; Pelosi et al., 2009).

Tillage intensity affected earthworm abundance and species composition remarkably across environments. In spring, the tillage effect was consistent across all 19 environments with 80% lower mean earthworm abundance in the ploughing system compared to the mulching system. The high increase of 360% in the ploughing system during vegetation in 17 environments can be attributed to compensation of soil disturbing effects before the cultivation of sugar beet, demonstrating the high resilience and adaptability of the earthworm population. In the mulching system, the food supply at the soil surface was enhanced by residues of the yellow mustard intercrop. However, earthworm abundance showed a non-uniform growth rate with an average of 11% across environments from spring to autumn. Although the presence of organic material provides a benefit to earthworms (Kladivko et al., 1997; Schmidt et al., 2003), its availability depends on the residue stratification in the soil and the feeding behaviour of the present earthworm species and ecological groups.

Four of the five dominant earthworm species were endogeic which might primarily explain the re-building capability of earthworm population (Marinissen, 1992). The high reproduction rate was apparently owed to the availability of organic material although completely mixed in topsoil and, consequently, low levels of competition for food with anecic species. In contrast to several reports (Ivask et al., 2007; Capowiez et al., 2009), even the endogeic species *A. caliginosa* and *A. rosea*, which are regarded as insensitive to soil disturbances, showed a more than 90% lower abundance across environments in the ploughing system compared to the mulching system in spring before they recovered by autumn.

Represented by an approximately 50% lower Shannon's diversity index and evenness, the ploughing system revealed not only a lower earthworm abundance but also a substantial simplification of species composition compared to the mulching system in spring. The increase in the number of species and their relative abundance in the ploughing system during vegetation across environments resulted in similar diversity index and evenness compared to the mulching system. Despite a mean species richness of 4.1 in the ploughing system ($H'_{max} = 1.41$) and 4.7 in the mulching system ($H'_{max} = 1.55$) across environments, the average of both systems of about $H' = 0.85$ can be considered as rather low (Baker et al., 1992). This value was characterized by sharply different relative species abundance ratios, and therefore the evenness ranged from 0.6 to 0.7. Nevertheless, the present study, as the first comprehensive investigation of earthworm diversity in sugar beet, showed a common number of species in arable fields which was suggested as two to five by Lee (1985).

Herbicide strategies

The application of reduced herbicide application rates in relation to the authorized application rates is a common practice in sugar beet cultivation in Germany and throughout Europe. Results of the NEPTUN[1]-surveys for sugar beet 2005, 2007, and 2009 indicated that approximately 50% of the herbicide application was done using rates lower than 50% of the authorized rates (Vasel, pers. comm.). In the present study, herbicide strategies were chosen to comprise the limit of weed control strategies in sugar beet via reduced amounts of herbicides and application rates. Therefore, herbicide strategy 1 represented 100% of the nationally authorized application rate of two herbicides with four a.i., whereas herbicide strategies 2 and 3 were defined by reduced application rates of < 50% and ≤ 35% but with three and six herbicides (six and nine a.i.), respectively. Furthermore, adjuvants were added in herbicide strategy 3 to improve the efficacy of herbicides.

Deduced from the reduced application rates, herbicide strategies 2 and 3 might both contribute to integrated weed management, and in addition to lower costs of about 25% in comparison to herbicide strategy 1. Therefore, ecological and economical benefits are in one line. However, the weed flora should not include hard-to-control weeds. So their application needs precise knowledge of the weed species in the field.

The intensity of herbicide strategies expressed as application rate actually used in proportion to the authorized application rate and the frequency of application was measured by the treatment index. This index is commonly used to characterize pesticide treatment intensities in Germany (Roßberg et al., 2010). The investigated herbicide strategies showed different intensities in a range of relatively low treatment indices from 2.00 (herbicide strategy 1) to

[1] NEPTUN - survey into application of chemical pesticides in agricultural practice ("Network for the determination of the use of crop protection chemicals in different agricultural relevant natural habitats in Germany").

1.42 (herbicide strategy 2) as compared to 2.25 for common herbicide application in sugar beet in Germany (Roßberg et al., 2010).

Regardless of the differing intensities, between the herbicide strategies no detrimental effects on earthworm abundance were observed. Neither the varied amount of herbicides or number of a.i. nor the differing application rates caused changes in earthworm abundance. Contrary to studies which outlined non-hazardous impacts of adjuvants (Malkomes and Meinken, 2004; Gorzerino et al., 2009), it has been reported that they can increase the toxicity of pesticide formulation (Cox and Surgan, 2006). In sum, the composition of components included as adjuvants in herbicide strategy 3did not have any adverse effect on earthworm population compared to the other herbicide strategies.

The response of earthworm population to herbicide strategies was expected to be in accordance with the ecotoxicological behaviour of herbicides tested previously at registration. In this procedure, impacts of herbicides on earthworms are studied in artificial soils under selected constant laboratory conditions using standardized species, consequently without testing the multifactorial ecological effects used *in situ*. Several authors already questioned the effect of herbicides which had been classified as not being harmful for earthworms. However, these studies often investigated the impact of specific herbicides on chosen earthworm species in artificial habitats (Dalby et al., 1995; Pereira et al., 2009) or on the earthworm population in field trials only for single sites (Tarrant et al., 1997; Pelosi et al., 2009; Simonsen et al., 2010). However, the present study aimed at testing the effects of various herbicide strategies under diverse environmental conditions representing sugar beet cultivation in Central Europe *in situ*.

The lack of food for earthworms can enhance the adverse effect of herbicides (Farenhorst et al., 2003). Contrary, the residues remaining on the upper soil layer in the mulching system can intercept the herbicides (Sadeghi and Isensee, 1997). Consequently, certain earthworms could be directly exposed to contaminated food resources from the intercropped yellow mustard. The application of herbicides may interact with the amount of organic residues in the soil which is influenced by the tillage system. But the fact that all five dominant species showed no effect between herbicide strategies in both tillage systems and across environments highlighted their innocuous character on species of different ecological groups. Furthermore, *A. caliginosa* and *L. terrestris* were described to be probably the most important species for assessing the toxicity of pesticides in *in situ* experiments (Edwards, 1992). Their dominance across environments increased the sensitivity of the present study and strengthened the obtained results.

The herbicide strategies consistently achieved a highly efficient weed control in this study (data not shown). An untreated control would have increased weed infestation which might have provided a further food supply to earthworms. Moreover, an additional untreated control was omitted as weeding by hand or mechanical hoeing would have been necessary to control weeds and would have caused considerable disturbances of earthworm populations (Claupein, 1994). Consequently, the results obtained would not have been comparable to the herbicide-treated and physically undisturbed plots. Moreover, Bruns et al. (2008) observed a highly significant yield loss in an untreated control, however, *TI* of the herbicide strategies and their efficiency were not correlated to yield loss in sugar beet.

The intensive application of pesticides has recently been reported to be a major reason for the decreasing biodiversity in agroecosystems in Europe (Geiger et al., 2010). This statement was generally criticized (Mußhoff et al., 2010), because on the other hand, the use of pesticides is justified to secure the economic basis of agronomical production (Zilbermann et al., 1991; EU Commission, 2006). However, the first of the aforementioned studies left open questions concerning the differentiation of ecological impacts of certain pesticides in specific crops. The pesticide impact on earthworm population, for example, has to consider tillage systems (Holland, 2004), changes in soil properties (Alletto et al., 2010), and weather conditions (Walker, 2006).

In the present study, the ecological assessment of herbicide strategies on earthworm population was subjected to a multiplicity of factors in sugar beet cultivation. The results demonstrated markedly for the first time the negligible effect between herbicide application intensities in relation to environment and tillage. The results contrast the idea of faunal biodiversity reducing effects of herbicide intensities. Finally, herbicide strategy with low dosage rates offers an opportunity for integrated weed management in compliance with the postulated necessary minimum. Moreover, it could be a valuable contribution to the German 'National Action Plan on Sustainable Use of Plant Protection Products' as an example for EU-regulations aimed at innovative plant protection.

Acknowledgements

This study was financially supported through funds of the Federal Ministry of Food, Agriculture and Consumer Protection (BMELV) as part of the innovation funding of the Federal Agency for Agriculture and Food (BLE). Additionally, the authors owe many thanks to regional working groups for their contributions in preparing the field trials and helpful support for carrying out the field experiments. Thanks are also extended to all the colleagues of the Institute of Sugar Beet Research involved in this study, especially Kerstin Klapproth for her assistance with collecting field data and laboratory work and Udo Curdt for his technical advice and encouragement throughout the study. We are also grateful to Dr. Christian Kluth for his advice in statistical analyses and to Dr. Christine Kenter for her thorough editorial advice in English. Finally, the authors would like to thank the unknown reviewers for their helpful comments which improved this manuscript.

References

Alletto, L., Coquet, Y., Benoit, P., Heddadj, D., Barriuso, E., 2010. Tillage management effects on pesticide fate in soils. A review. Agron. Sustain. Dev. 30, 67-400.

Baker, G., Buckerfield, J., Grey-Gardner, R., Merry, R., Doube, B., 1992. The abundance and diversity of earthworms in pasture soils in the Fleurieu Peninsula, South Australia. Soil Biol. Biochem. 24, 1389-1395.

BMELV (Federal Ministry of Food, Agriculture and Consumer Protection), 2008. National Action Plan on Sustainable Use of Plant Protection Products. Bonn.

Bouche, M.B., 1977. Strategies lombriciennes. In: Lohm, U., Persson, T. (Eds.), Soil Organisms as Components of Ecosystems. Swedish Natural Science Research Council, Biol. Bull. 25, Stockholm, pp. 122-132.

Bruns, C., Ladewig, E., Märländer, B., 2008. Strategien zur Reduktion des Herbizideinsatzes im Zuckerrübenanbau. J. Plant Dis. Prot. XXI (Sp. Iss.), 479-482.

Buckerfield, J.C., Lee, K.E., Davoren, C.W., Hannay, J.N., 1997. Earthworms as indicators of sustainable production in dryland cropping in southern Australia. Soil Biol. Biochem. 29, 547-554.

Callaham, M.A., Hendrix, P.F., 1997. Relative abundance and seasonal activity of earthworms (Lumbricidae and Megascolecidae) as determined by hand-sorting and formalin extraction in forest soils on the Southern Appalachian Piedmont. Soil Biol. Biochem. 29, 317-321.

Capowiez, Y., Cadoux, S., Bouchant, P., Ruy, S., Roger-Estrade, J., Richard, G., Boizard, H., 2009. The effect of tillage type and cropping system on earthworm communities, macroporosity and water infiltration. Soil Till. Res. 105, 209-216.

Chan, K.Y., 2001. An overview of some tillage impacts on earthworm population abundance and diversity - implications for functioning in soils. Soil Till. Res. 57, 179-191.

Claupein, W., 1994. Möglichkeiten und Grenzen der Extensivierung im Ackerbau: Wirkung der Bewirtschaftungsintensität auf die langfristige Produktivität und Stabilität von Agrarökosystemen und deren Umweltwirkung. Triade-Verlag Erika Claupein, Göttingen.

Čoja, T., Zehetner, K., Bruckner, A., Watzinger, A., Meyer, E., 2008. Efficacy and side effects of five sampling methods for soil earthworms (Annelida, Lumbricidae). Ecotoxicol. Environ. Saf. 71, 552-565.

Cox, C., Surgan, M., 2006. Unidentified inert ingredients in pesticides: implications for human and environmental health. Environ. Health Perspect. 114, 1803-1806.

Dalby, P.R., Baker, G.H., Smith, S.E., 1995. Glyphosate, 2,4-DB and dimethoate: effects on earthworm survival and growth. Soil Biol. Biochem. 27, 1661-1662.

Edwards, C.A., 1992. Testing the effect of chemicals on earthworms: the advantages and limitations of field tests. In: Greig-Smith, P.W., Becker, H., Edwards, P.J., Heimbach, F. (Eds.), Ecotoxicology of Earthworms. Intercept, Andover, Hampshire, pp. 75-84.

Edwards, C.A., Bohlen, P.J., 1996. Biology and Ecology of Earthworms, third ed. Chapman and Hall, London.

El Titi, A., 2003. Implications of soil tillage for weed communities. In: El Titi, A. (Ed.), Soil Tillage in Agroecosystems. CRC Press, Boca Raton, pp. 147-185.

Engelmann, H.-D., 1978. Zur Dominanzklassifizierung von Bodenarthropoden. Pedobiologia 18, 378-380.

Eriksen-Hamel, N.S., Whalen, J.K., 2007. Impacts of earthworms on soil nutrients and plant growth in soybean and maize agroecosystems. Agric. Ecosyst. Environ. 120, 442-448.

EC (Commission of the European Communities), 2006. A Thematic Strategy on the Sustainable Use of Pesticides. COM (2006) 373 final.

Farenhorst, A., Tomlin, A.D., Bowman, B.T., 2003. Impact of herbicide application rates and crop residue type on earthworm weights. Bull. Environ. Contam. Toxicol. 70, 477-484.

Freemark, K., Boutin, C., 1995. Impacts of agricultural herbicide use on terrestrial wildlife in temperate landscapes: a review with special reference to North America. Agric. Ecosyst. Environ. 52, 67-91.

Geiger, F., Bengtsson, J., Berendse, F., Weisser, W.W., Emmerson, M., Morales, M.B., Ceryngier, P., Liira, J., Tscharntke, T., Winqvist, C., Eggers, S., Bommarco, R., Part, T., Bretagnolle, V., Plantegenest, M., Clement, L.W., Dennis, C., Palmer, C., Oñate, J.J., Guerrero, I., Hawro, V., Aavik, T., Thies, C., Flohre, A., Hanke, S., Fischer, C., Goedhart, P.W., Inchausti, P., 2010. Persistent negative effects of pesticides on biodiversity and biological control potential on European farmland. Basic Appl. Ecol. 11, 97-105.

Gorzerino, C., Quemeneur, A., Hillenweck, A., Baradat, M., Delous, G., Ollitrault, M., Azam, D., Caquet, T., Lagadic, L., 2009. Effects of diquat and fomesafen applied alone and in combination with a nonylphenol polyethoxylate adjuvant on *Lemna minor* in aquatic indoor microcosms. Ecotoxicol. Environ. Saf. 72, 802-810.

Hendrix, P.F., Parmelee, R.W., 1985. Decomposition, nutrient loss and microarthropod densities in herbicide-treated grass litter in a Georgia Piedmont agroecosystem. Soil Biol. Biochem. 17, 421-428.

Herr, S., Bauchhenß, J., 1987. Einfacher Bestimmungsschlüssel für Regenwürmer. Schule und Beratung 2, 15-20.

Holland, J.M., 2004. The environmental consequences of adopting conservation tillage in Europe: reviewing the evidence. Agric. Ecosyst. Environ. 103, 1-25.

ISO (International Organization for Standardization), 1999. Soil Quality - Effects of Pollutants on Earthworms - Part 3: Guidance on the Determination of Effects in Field Situations. ISO 11268-3.

Ivask, M., Kuu, A., Sizov, E., 2007. Abundance of earthworm species in Estonian arable soils. Eur. J. Soil Biol. 43, 39-42.

John, M., Gerowitt, B., 2008. Diversity of weed communities in a region with a large scale arable cropping. J. Plant Dis. Prot. XXI (Sp. Iss.), 405-410.

Joschko, M., Gebbers, R., Barkusky, D., Rogasik, J., Hohn, W., Hierold, W., Fox, C.A., Timmer, J., 2009. Location-dependency of earthworm response to reduced tillage on sandy soil. Soil Till. Res. 102, 55-66.

Kladivko, E.J., Akhouri, N.M., Weesies, G., 1997. Earthworm populations and species distributions under no-till and conventional tillage in Indiana and Illinois. Soil Biol. Biochem. 29, 613-615.

Kudsk, P., Streibig, J.C., 2003. Herbicides - a two-edged sword. Weed Res. 43, 90-102.

Ladewig, E., Roßberg, D., Lukashyk, P., 2009. Erhebungen zur Pflanzenschutzmittelanwendung in Zuckerrüben (NEPTUN). Zuckerrübe 58, 182-185.

Lavelle, P., 1988. Earthworm activities and the soil system. Biol. Fertil. Soils 6, 237-251.

Lee, K.E., 1985. Earthworms: Their Ecology and Relationship with Soils and Land Use. Academic Press, Sydney.

Malkomes, H.P., Meinken, K., 2004. Influence of a mineral oil-containing compound and its combination with two herbicides on the microbial activity in soil. J. Plant Dis. Prot. 19 (Sp. Iss.), 943-950.

Marinissen, J.C.Y., 1992. Population dynamics of earthworms in a silt loam soil under conventional and "integrated" arable farming during two years with different weather patterns. Soil Biol. Biochem. 24, 1647-1654.

Märländer, B., Hoffmann, C., Koch, H.-J., Ladewig, E., Merkes, R., Petersen, J., Stockfisch, N., 2003. Environmental situation and yield performance of the sugar beet crop in Germany: heading for sustainable development. J. Agron. Crop Sci. 189, 201-226.

Marshall, E.J.P., Brown, V.K., Boatman, N.D., Lutman, P.J.W., Squire, G.R., Ward, L.K., 2003. The role of weeds in supporting biological diversity within crop fields. Weed Res. 43, 77-89.

Mele, P.M., Carter, M.R., 1999. Impact of crop management factors in conservative tillage farming on earthworm density, age structure and species abundance in south-eastern Australia. Soil Till. Res. 50, 1-10.

Mußhoff, O., Märländer, B., Heitefuß, R., Karlovsky, P., von Tiedemann, A., Ulber, B., 2010. Wesentliche Aspekte ausgeblendet. Land Forst 11, 27.

Pelosi, C., Bertrand, M., Roger-Estrade, J., 2009. Earthworm community in conventional, organic and direct seeding with living mulch cropping system. Agron. Sustain. Dev. 29, 287-295.

Pereira, J.L., Antunes, S.C., Castro, B.B., Marques, C.R., Gonçalves, A.M.M., Gonçalves, F., Pereira, R., 2009. Toxicity evaluation of three pesticides on non-target aquatic and soil organisms: commercial formulations versus active ingredient. Ecotoxicology 18, 455-463.

Petersen, J., 2004. A review on weed control in sugar beet: from tolerance zero to period threshold. In: Inderjit (Ed.), Weed Biology and Management. Kluwer Academic Publishers, Dordrecht, pp. 467-483.

Pfleiderer, U.-E., Schaufele, W.R., Anselstetter, M., Fiest, J., Lehnert, J., Schlinker, G., 2001. Herbizideinsatz und Entwicklung von Zuckerrüben. Zuckerind 126, 456-462.

Piepho, H.P., Buchse, A., Emrich, K., 2003. A hitchhiker's guide to mixed models for randomized experiments. J. Agron. Crop Sci. 189, 310-322.

Pižl, V., 1992. Effect of soil compaction on earthworms (Lumbricidae) in apple orchard soil. Soil Biol. Biochem. 24, 1573-1575.

Poier, K.R., Richter, J., 1992. Spatial distribution of earthworms and soil properties in an arable loess soil. Soil Biol. Biochem. 24, 1601-1608.

Pommer, G., 1986. Zusammenfassende Diskussion. Bayer. Landw. Jb. 63, 1017-1019.

Raw, F., 1959. Estimating earthworm population by using formalin. Nature 184, 1661-1662.

Rosas-Medina, M.A., Leon-Gonzalez, F., Flores-Macias, A., Payan-Zelaya, F., Borderas-Tordesillas, F., Gutierrez-Rodriguez, F., Fragoso-Gonzalez, C., 2010. Effect of tillage, sampling date and soil depth on earthworm population on maize monoculture with continuous stover restitutions. Soil Till. Res. 108, 37-42.

Roßberg, D., Vasel, E.-H., Ladewig, E., 2010. NEPTUN 2009 - Zuckerrübe. Berichte aus dem Julius Kuhn-Institut 152, Braunschweig.

Roßberg, D., Gutsche, V., Enzian, S., Wick, M., 2002. Neptun 2000 - Erhebung von Daten zum tatsachlichen Einsatz chemischer Pflanzenschutzmittel im Ackerbau Deutschlands. Berichte aus der BBA 98, Braunschweig.

Sadeghi, A.M., Isensee, A.R., 1997. Alachlor and cyanazine persistence in soil under different tillage and rainfall regimes. Soil Sci. 126, 430-438.

Schmidt, O., 2001. Appraisal of the electrical octet method for estimating earthworm populations in arable land. Ann. Appl. Biol. 138, 231-241.

Schmidt, O., Clements, R.O., Donaldson, G., 2003. Why do cereal-legume intercrops support large earthworm populations? Appl. Soil Ecol. 22, 181-190.

Simonsen, J., Posner, J., Rosemeyer, M., Baldock, J., 2010. Endogeic and aneic earthworm abundance in six Midwestern cropping systems. Appl. Soil Ecol. 44, 147-155.

Söchtig, W., Larink, O., 1992. Effect of soil compaction on activity and biomass of endogeic lumbricids in arable soils. Soil Biol. Biochem. 24, 1595-1599.

Tarrant, K.A., Field, S.A., Langton, S.D., Hart, A.D.M., 1997. Effects on earthworm populations of reducing pesticide use in arable crop rotations. Soil Biol. Biochem. 29, 657-661.

Walker, A., 2006. Evaluation of a simulation model for prediction of herbicide movement and persistence in soil. Weed Res. 27, 143-152.

Wardle, D.A., Yeates, G.W., Watson, R.N., Nicholson, K.S., 1995. The detritus food-web and the diversity of soil fauna as indicators of disturbance regimes in agro-ecosystems. Plant Soil 179, 35-43.

Whalen, J.K., 2004. Spatial and temporal distribution of earthworm patches in corn field, hayfield and forest systems of southwestern Quebec, Canada. Appl. Soil Ecol. 27, 143-151.

Zilbermann, D., Schmitz, A., Casterline, G., Lichtenberg, E., Siebert, J.B., 1991. The economics of pesticide use and regulation. Science 253, 518-522.

Zoschke, A., Quadranti, M., 2002. Integrated weed management: Quo vadis? Weed Biol. Manage. 2, 1-10.

4. Manuskript 3:

Response of soil biological activity to common herbicide strategies in sugar beet cultivation

ANDREAS MARWITZ, ERWIN LADEWIG & BERNWARD MÄRLÄNDER

Manuscript submitted to European Journal of Agronomy

Abstract

Agricultural intensification is strongly related to the application of pesticides which may substantially affect agroecosystems. It is recognized that the effect of pesticides on agroecosystems is associated with the application of multi-component mixtures rather than from individual pesticides. In sugar beet (*Beta vulgaris* L.) cultivation, the most used pesticides are herbicides. Herbicides are commonly applied with varying intensities depending on their amount of active ingredients and dosages to coincide with weed species-specific occurrence. Research on their ecotoxicological effects on functional attributes of agroecosystems has not received adequate attention. This study aims to determine the impact of three common sugar beet herbicide strategies (HS) on the biological activity of the edaphic community, proposed as a functional indicator for potential decomposition capability. The strategies compared were: HS1: two herbicides, 100% of authorized application rate; HS2: three herbicides, < 50% of authorized application rate; HS3: six herbicides, ≤ 35% of authorized application rate. To discern anticipated small differences, different tillage intensities (ploughing and mulching) and comprehensive field trials at 19 environments (site x year) distributed throughout Germany were compared. Feeding activity on bait substrate and the mass loss of wheat straw were measured to quantify the effect of HS on the decomposition activity of the edaphic community.

Overall, this study demonstrated that no consistent significant differences in biological activity were found among herbicides strategies. Environment and tillage intensity were the main factors influencing the biological activity of the edaphic community. Biological activity was highly variable among environments and was reduced by differences in tillage. Furthermore, temperature was observed to be an important factor for the biological activity. Moreover, soil parameters resulting from reduced tillage intensity in the mulching system enhanced biological activity. In conclusion, clear and direct effects of changing herbicide strategies on the functional integrity of the edaphic community could not be discerned. These results were quantified for the first time through considering multiple influencing factors *in situ*.

Keywords: *Beta vulgaris*, Tillage intensity, Low dosage rate, Agroecosystem, Edaphic community, Bait-lamina, Mini-container

Introduction

Ecosystem services can be defined as 'the benefits that people obtain from an ecosystem' (MEA, 2005). In agriculture, the soil ecosystem provides benefits in many areas, inter alia, in soil formation, detoxification, disease control, and nutrient cycling that support crop yield and thereby income (Barrios, 2007). The value of this service is driven by many essential natural functions of the edaphic community and its biological activity. One of the most important soil processes is nutrient cycling, which is strongly associated with the breakdown of organic matter (Swift et al., 1979; Gongalsky et al., 2008). Furthermore, this process contributes to soil fertility, which is closely related to cropping productivity (Diacono and Montemurro, 2010).

Decomposition of organic matter is partly based on the biological activity of the multitrophic edaphic community and its complex interactions (Murphy et al., 1998; Bardgett and Chan, 1999; Edwards, 2002). While soil macrofauna (e.g., earthworms, enchytraeidae, springtails) are primarily responsible for the breakdown of structural tissue, the microflora (bacteria and fungi) predominantly perform biochemical transformations and thereby nutrient releases (Lavelle, 1997). Abiotic factors, like water and temperature, may limit decomposition (Strickland et al., 2009). Otherwise, the intensity of agricultural management markedly influences the biological activity of soil organisms, potentially causing variation in ecosystem services (Postma-Blaauw et al., 2010). In particular, pesticide application and tillage operations are used with considerable variation in intensity and may substantially affect the activity of soil organisms (Riley et al., 2008). The magnitude of response of soil organisms to these management-induced impacts is species-specific, which may result in impairment.

Sugar beet (*Beta vulgaris* L.) is extremely sensitive to weed competition during the initial growth stages, so effective weed control is critical (Mittler et al., 2002; Märländer et al.,

2003). Herbicides are an essential tool in weed management. They are commonly applied using site-specific strategies reflecting local weed population. Most of the herbicides used usually are not directly toxic to the soil fauna (Lee, 1985; Freemark and Boutin, 1995; Bamford, 1997). Rather, their toxicity may vary as a function of different combinations of herbicidal products (Springett and Gray, 1992). The activity of the edaphic community is indirectly affected when a strong reduction of weed density results in food limitation (Edwards, 1984).

Tillage is another tool used for weed control. In sugar beet cultivation, conservation tillage is also quite common (Buhre et al., 2011) to reduce runoff and erosion (Koch et al., 2003) and to stabilize income (Märländer et al., 2003). It is well known that reduced tillage compared to ploughing benefits the edaphic activity due to food retention at the soil surface and to decreased physical disruption of soil (Holland, 2004). The response of biological activity to the intensity of weed management in sugar beet cultivation has not yet been the subject of system-oriented investigations.

The objective of this study was to elucidate the response of the biological activity within the edaphic community to the application of three herbicide strategies differing in application rates and amounts of active ingredients. The performance of decomposition was measured as mass loss of wheat straw and feeding activity on artificial bait substrate using the mini-container test (Eisenbeis, 1993) and the bait-lamina assay (von Törne, 1990). In order to discern anticipated small differences among herbicide strategies and anticipating potential interactions within herbicide-tillage systems, multifactorial research project was conducted in 2008 and 2009: two tillage intensities and comprehensive field trials at 19 broad-scaled environments (site x year) distributed throughout Germany.

Materials and methods

Sites and cultivation

The experiments were carried out at 19 sites in Germany, nine in 2008 (A to I) and 2009 (J to S) (Table 1). The sites reflect large variation in soil and weather parameters and represent highly productive farming conditions for sugar beet production in Central Europe. Details of environmental conditions at sites are given in Table 1. Soil parameters of each site were obtained by representative soil samples taken by a gouge auger and soil profile pits. Meteorological data were gathered from adjacent weather stations.

Table 1: Pedological and meteorological conditions of the field trial sites, Germany 2008/2009.

Site (coordinates)	Soil type	Texture	Soil valuation index[a]	pH value[b]	Temperature[c]	Precipitation[d]	Organic carbon content[b]
					(Ø °C)	(∑ mm)	(%)
A (51°5.571'N 12°9.896'E)	Luvic Phaeozem	Clay silt	84	6.5	9.8	615	1.8
B (49°38.310'N 10°9.714'E)	Haplic Luvisol	Clay silt	78	6.9	9.8	607	1.0
C (49°36.602'N 8°4.710'E)	Calcic Luvisol	Clay silt	78	7.3	10.5	436	1.4
D (48°52.385'N 9°1.209'E)	Luvisol	Clay silt	72	6.9	10.4	690	1.2
E (50°51.554'N 6°36.503'E)	Luvisol	Clay silt	75	6.6	10.7	650	0.9
F (52°16.255'N 10°27.382'E)	Stagnic Cambisol	Sandy loam	55	7.0	10.3	621	1.5
G (53°5.154'N 10°28.481'E)	Luvisol	Sandy loamy silt	65	6.6	19.8	768	1.1
H (51°36.841'N 11°53.575'E)	Chernozem	Clay silt	96	7.0	10.4	470	1.8
I (51°28.386'N 9°54.934'E)	Luvisol	Clay silt	80	6.2	9.7	575	1.1
J (49°38.439'N 10°7.615'E)	Haplic Luvisol	Clay silt	72	6.7	10.5	630	1.3
K (49°35.792'N 8°5.302'E)	Calcic Regosol	Loamy silt	75	7.4	9.9	639	2.3
L (51°35.876'N 9°51.956'E)	Gleyic Chernozem	Clay silt	77	7.2	8.9	617	1.8
M (48°52.209'N 9°0.802'E)	Luvisol	Clay silt	78	7.2	11.3	931	1.5
N (50°51.627'N 6°36.503'E)	Luvisol	Clay silt	75	6.7	9.5	650	1.0
O (51°4.406'N 12°14.575'E)	Stagnic Phaeozem	Silty loam	72	6.9	9.1	520	2.6
P (51°37.156'N 11°52.967'E)	Gleyic Phaeozem	Clay silt	85	7.0	9.1	469	1.4
Q (51°29.051'N 9°56.107'E)	Luvic Phaeozem	Clay silt	83	6.8	8.9	617	1.3
R (52°17.032'N 10°29.178'E)	Stagnic Cambisol	Loamy sand	56	6.7	8.8	618	1.5
S (53°40.560'N 13°19.134'E)	Luvisol	Sandy loam	48	6.3	8.4	540	1.5

[a] German index to classify soil quality (max = 100).
[b] Topsoil layer (Ap-horizon), values were averaged over the ploughing system and the mulching system.
[c] Mean annual temperature.
[d] Total annual precipitation.

Prior to sugar beet sowing in March or April, all fields were planted with yellow mustard (*Sinapis alba* L.) as a catch crop. The preceding crop was either winter wheat (*Triticum aestivum* L.) or barley (*Hordeum vulgare* L.). Fields of long-term conservation tillage were chosen and divided in half for the assignment of tillage treatments. One half of the field was mouldboard ploughed in autumn to 0.25-0.30 m depth (hereinafter referred to as ploughing system). Consequently, residues of the catch crop were incorporated into the soil. The other half was managed by reduced tillage with a rotary cultivator for stubble cultivation of the catch crop, which mixed soil down to 0.05-0.17 m depth. This treatment is hereinafter referred to as mulching system since a cover of yellow mustard residues remained on the soil surface. In both tillage systems either rototiller or harrow were used for overall seedbed preparation and agricultural means were carried out site-specifically in accordance to local extension service.

The three herbicide strategies combined different numbers of active ingredients (a.i.) and application rates (Table 2) involving action modes relying on contact with foliage and/or soil. The applications were three times split in post-emergence treatments and comprised 100% (four a.i.), < 50% (six a.i.) and ≤ 35% (nine a.i.) of the national authorized application rate per application date. All herbicide treatments were applied with a plot sprayer in the cotyledon stage of weeds, consistent with the best practices for weed control.

Table 2: Herbicide strategies (HSs) in the field trials.

HS	Herbicide	Post-emergence treatment			Total application rate	Share of authorized application rate	Active ingredient		
		1	2	3			Trivial name	Rate of herbicide	Total rate of herbicide
		(*kg ha⁻¹* or L ha⁻¹)			(*kg ha⁻¹* or L ha⁻¹)	(%)		(*g kg⁻¹* or g L⁻¹)	(*kg ha⁻¹* or L ha⁻¹)
1	Goltix 700 SC	1	2	2	5	100	Metamitron	700	3.5
	Betanal Expert	1.75	1.75	1.75	5.25	100	Desmedipham Ethofumesate Phenmedipham	25 151 75	0.13 0.79 0.39
2	Goltix 700 SC	0.8	0.8	0.8	2.4	48	Metamitron	700	1.68
	Betanal Expert	0.8	0.8	0.8	2.4	46	Desmedipham Ethofumesate Phenmedipham	25 151 75	0.06 0.36 0.18
	Rebell	0.8	1	1.2	3	48	Chloridazon Quinmerac	400 50	1.2 0.15
3	Goltix 700 SC	0.35	0.7	0.7	1.75	35	Metamitron	700	1.23
	Betanal Expert	0.61	0.61	0.61	1.83	35	Desmedipham Ethofumesate Phenmedipham	25 151 75	0.05 0.28 0.14
	Rebell	0.29	0.58	0.88	1.75	35	Chloridazon Quinmerac	400 50	0.70 0.09
	Spectrum	0.05	0.11	0.16	0.32	35	Dimethenamid-p	720	0.23
	Debut (+ surfactant[a])	*0.01* (0.08)	*0.01* (0.08)	*0.01* (0.08)	*0.03* (0.25)	35	Triflusulfuron-methyl	*480*	*0.01*
	Lontrel 100	0.14	0.14	0.14	0.42	11.7	Clopyralid	100	0.04
	Oleo FC[b]	0.35	0.35	0.35	1.05	35			

[a] Adjuvant consisting of isodecyl alcohol ethoxylate.
[b] Adjuvant consisting of paraffin oil and emulsifiers.

Experimental design

Both tillage systems consisted of 12 equal plots with an area of about 100 m^2 to 300 m^2. Large plot sizes were chosen to avoid potential effects of spatial heterogeneity on biological activity (Irmler, 1998). Plots at six sites had an area of more than 300 m^2 to allow more intensive studies. At each tillage system, the three herbicide strategies were randomly assigned to the plots. Thus, the experimental setup contained one replication for each tillage system per site and four replications for each herbicide strategy per tillage system.

Field assays

To determine the biological activity of edaphic community, the mini-container test (Eisenbeis, 1993) and the bait-lamina test (von Törne, 1990) were carried out in the soil with at least 1 m distance to the next plot to prevent overlapping effects caused by herbicide drift. Tests were performed within rows since the abundance of soil organisms is higher than between rows (Becker et al., 2001). Biological activity was not measured in wheel-traffic lines to exclude the impact of soil compaction on faunal activity (Röhrig et al., 1998; Dittmer and Schrader, 2000).

Bait-lamina test

Feeding activity as response of the soil fauna activity was assessed by the bait-lamina test at all 19 sites. The lamina strip (polyvinyl chloride, PVC) had a dimension of 6 x 1 x 160 mm (Terra Protecta® GmbH, Berlin, Germany) and included 16 holes which were perforated over a length of 75 mm. The holes were filled with a bait substrate consisting of a mixture of cellulose, bran, and charcoal in a ratio of 70:27:3. Strips were vertically inserted into soil. The vertical exposure enabled the detection of the feeding activity for 16 soil layers within 75 mm depth of soil profile and this method allowed an assessment of the feeding activity of the entire edaphic community. The uppermost hole of the strip was located directly below the soil surface. In each of the 24 plots per site, 16 bait-lamina strips were placed in 4 groups consisting of 4 strips arranged in a square (10 x 10 cm) at the end of sugar beet growing season during August and November. Therefore, a total of 384 bait-lamina strips were used at each site. The groups of strips were positioned within sugar beet rows with an equal distance to the plants. The opening of holes was oriented in line with the sugar beet row. Strips were removed when perforation (bait content remaining either empty or partially empty) was observed in $\geq$ 10% of the holes in the control strips. The exposure duration in soil was 8 to 56 days in autumn shortly before site-specific harvest. On average, the duration among sites was 14 days in 2008 and 21 days in 2009. After removing the strips from soil, they were carefully washed and, if necessary, soil was scraped away with forceps. Feeding activity was measured by distinguishing substrate consumption and was classified as 'bait eaten' (rated at 1) and 'bait not eaten' (rated at 0), whereas holes classified as 'bait eaten' had to be pierced more than 50%.

Mini-container test

Residue decomposition was measured as the loss of organic matter using the mini-container test. The test was carried out at six sites (with a plot area > 300 m^2) in both years 2008 and 2009, respectively. The mini-container system consisted of polyethylene-bars as carrier for six mini-container with a volume of approximately 1.5 cm^3 (Eisenbeis, Essenheim, Germany). The bar had a length of 25.3 cm and each mini-container was placed with a distance of 5 mm to each other. On both sides, mini-containers were covered with plastic gauze of 2 mm mesh size. The mini-containers were filled with 150 to 300 mg wheat straw which was cut into 5 mm pieces before dried at 105 °C. Bars were placed vertically into soil holes which were made by an auger. Decomposition could be determined up to 12.1 cm soil depth and the size of mesh gauze effectively excluded larger soil macrofaunal organisms from the process of decomposition. Each bar was exposed between two plants such that the openings of the mini-container were oriented in line with sugar beet row. The first mini-container was located 1 cm below the soil surface. In each of the 24 plots per site, four bars were inserted into soil after the last herbicide application, at least 112 days before harvest and a maximum duration of 135 days among sites. In total, 96 bars were used at each site. Before harvest, the bars were removed and wrapped in cling film to prevent spillage during transportation. Bars were stored in a freezer and dried at 60 °C for 8 h. The soil adhering to the mesh was removed with a forceps prior to opening the mini-container. The wheat straw recovered from each mini-container was transferred into petri dishes and visible impurities (e.g., soil, roots, and organisms) were separated before weighing. Eight subsamples per soil depth, tillage system, and site were ashed in a muffle furnace at 600 °C for 4 h to determine the amount of organic matter. Therefore, all remaining weights were corrected and expressed as percentage of initial dry weight of wheat straw.

The mass loss of wheat straw was calculated as (equation 1):

$$\text{mass loss (\%)} = 100 - (C \times 100)/A \quad (1)$$

where C was the correction factor for non-visible impurities,

$$C = B - B \times (D - E)/100 \quad (2)$$

A: initial dry weight [mg],

B: dry weight after exposure [mg],

C: ash free weight after exposure corrected for the initial ash content [mg],

D: ash content after exposure [%],

E: ash content before exposure [%].

Statistical evaluation of data

All data sets were analyzed using the software package Statistical Analysis System for Windows (SAS, release 9.2, SAS Institute Inc., Cary, NC). Graphics were created using the software package SigmaPlot (version 11.0, Systat Inc.).

Spearman rank correlation coefficients were calculated to assess relationships between feeding activity and mass loss, respectively, and weather conditions and soil parameters using the proc corr procedure. Mean of precipitation and temperature during exposure duration of the mini-container and bait-lamina test were calculated. Soil properties were the humus content, pH value, and soil valuation index which were determined for each tillage system at all sites. The organic carbon content is derived from the humus content divided by 1.72 and will be considered hereafter. For each soil depth, the feeding activity was summarized across the 16 strips per plot, while mass loss among the soil profile and bars was evaluated separately for each mini-container.

Feeding activity and mass loss were subjected to analysis of variance using an appropriate mixed model procedure (Piepho et al., 2003). The model appropriateness was assessed based on residual plots, histograms, and normal *Q-Q* plots. The design structure was a split-plot design where tillage systems were the main-plot factor as randomized across sites. The three herbicide strategies were randomized in the tillage systems in 24 plots as sub-plots. Considering the effects of site and year, the interaction of both parameters was postulated as the factor 'environment'. Both response variables feeding activity and mass loss were analyzed for the fixed factors environment, tillage system, herbicide strategy, soil depth, and their interactions. Repeated measurements in plots at each environment were analyzed by variance-covariance structure. Significant differences between the treatments were indicated by Tukey and Kramer adjustment. The significance levels were set at $^{*}P \leq 0.05$, $^{**}P \leq 0.01$, and $^{***}P \leq 0.001$.

Results

Feeding activity and mass loss were significantly influenced by environment, tillage system and soil depth but not by herbicide strategy (Table 3). Significant interactions were found among all factors with some exceptions including herbicide strategy.

Table 3: Mass loss and feeding activity in growing season of sugar beet as affected by herbicide strategies (HS) and other factors with their interactions, Germany 2008/2009. Analysis of variance (mixed model) and post hoc multiple comparison (Tukey and Kramer adjustment).

Factor	Parameters			
	d.f.	Mass loss (n = 3456)	d.f.	Feeding activity (n = 7292)
Environment[a]	5	***	18	***
Tillage system[b]	1	***	1	***
HS[c]	2	n.s.	2	n.s.
Soil depth[d]	5	***	15	***
Environment x tillage system	5	***	18	***
Environment x HS	10	**	36	***
Environment x soil depth	25	**	270	***
Tillage system x HS	2	n.s.	2	***
Tillage system x soil depth	5	***	15	***
HS x soil depth	10	n.s.	30	n.s.
Environment x tillage system x HS	10	***	36	***

[a] Environment = site x year.
[b] Tillage system = ploughing and mulching.
[c] HS = herbicide strategies 1, 2, and 3 (see more detailed in table 2).
[d] Mass loss measured in six soil depths and feeding activity measured in 16 soil depths.
Probability values: ** at $P \leq 0.01$ and *** at $P \leq 0.001$, n.s. = non significant, total sample size in parenthesis

Across environments, feeding activity decreased with increasing soil depth (Fig. 1A), mainly affected by tillage rather than by environment. Feeding activity among the environments showed the strongest differences of ≥ 50% in the upper and about 40% in lower soil depth. A depth gradient of feeding activity was recorded for both tillage systems, being stronger in the mulching system compared to the ploughing system in the top 35 mm of the soil (Fig. 1B). Feeding activity was not significantly affected by herbicide strategies either in the upper or lower soil depth, showing similar activity throughout the soil profile (Fig. 1C).

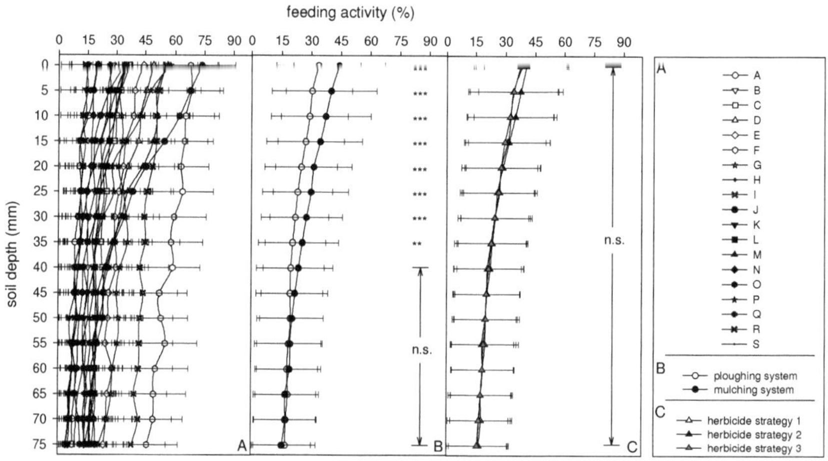

Fig. 1: Feeding activity in a vertical distribution in growing season of sugar beet as affected by environment (site x year) (A), tillage system (B), and herbicide strategy (C), Germany 2008/2009. Means and standard deviations for (A) $n \geq 380$, (B) $n \geq 3644$, and (C) $n \geq 2428$. Significance of differences ascertained by Tukey and Kramer adjustment. Probability values: ** at $P \leq 0.01$ and *** at $P \leq 0.001$, n.s. = non-significant.

Herbicide strategies led to significant but small differences in feeding activity across environments in both tillage systems (Fig. 2). In the ploughing system, feeding activity in herbicide strategy 2 was significantly lower than in strategy 3, whereas in the mulching system all strategies showed significant differences with the lowest activity in strategy 3.

On average across all environments, the ploughing system showed a significant lower feeding activity in comparison to the mulching system (Fig. 3A). Feeding activity was strongly affected by environment while at most of investigated environments feeding activity was lower in the ploughing system than in the mulching system (Fig. 3B). Generally, feeding activity was higher in 2008 than in 2009 and varied widely among environments.

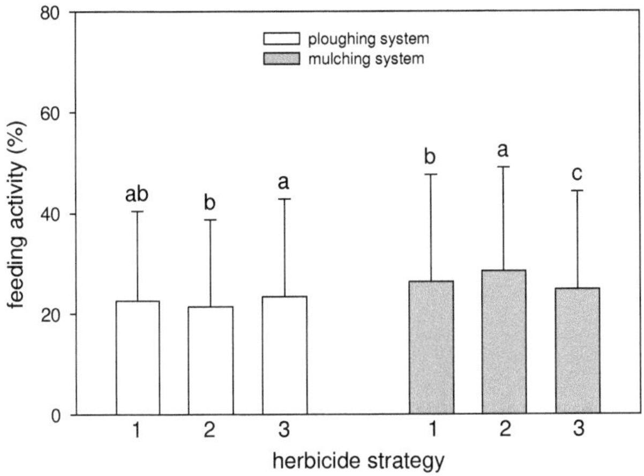

Fig. 2: Feeding activity in growing season of sugar beet as affected by tillage system and herbicide strategy across 19 environments (site x year), and soil depth, Germany 2008/2009. Means and standard deviations for $n \geq 1212$. Significance of differences among herbicide strategies ascertained by Tukey and Kramer adjustment. Different letters above bars indicate significant differences ($P \leq 0.05$).

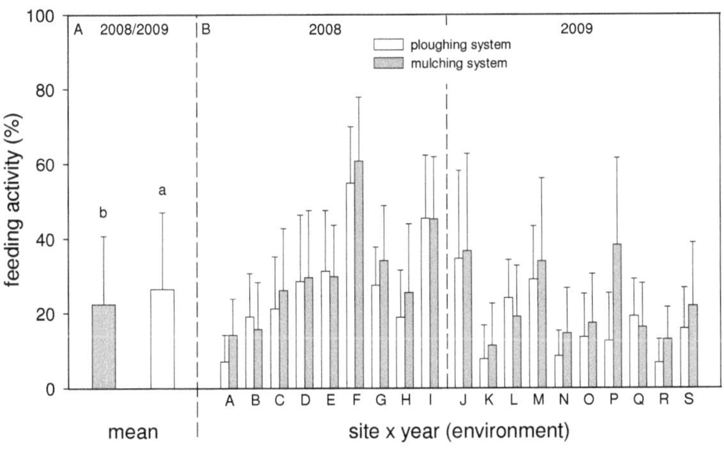

Fig. 3: Feeding activity in growing season of sugar beet as affected by environment and tillage system across soil depths, Germany 2008/2009. Means and standard deviations for samples as mean across environments ($n \geq 3644$) (A) and at single environments ($n \geq 188$) (B). Significance of differences between tillage systems ascertained by Tukey and Kramer adjustment. Different letters above bars indicate significant differences ($P \leq 0.05$).

Among herbicide strategies a lower effect on feeding activity was analyzed being non-significant at 13 environments, while at six environments significant effects could not be strictly discriminated neither in relation to environment nor herbicide strategy (Fig. 4).

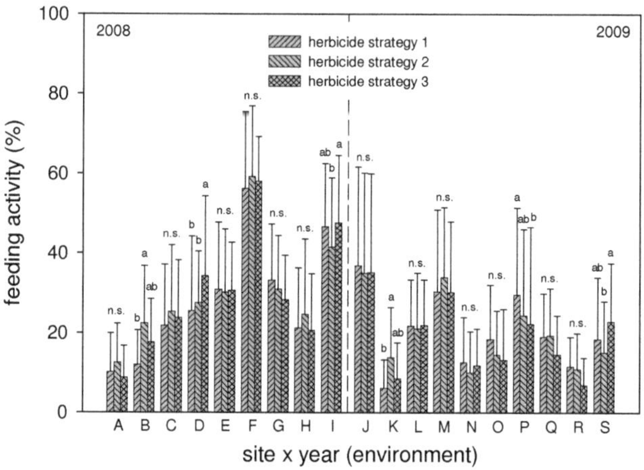

Fig. 4: Feeding activity in growing season of sugar beet as affected by environment and herbicide strategy across soil depths, Germany 2008/2009. Means and standard deviations for $n \geq 124$. Significance of differences among herbicide strategies ascertained by Tukey and Kramer adjustment. Different letters above bars indicate significant differences ($P \leq 0.05$), n.s. = non-significant.

Mass loss was mainly influenced by environments with ≥ 10% difference across soil depths (Fig. 5A). Mass loss was significantly lower in the ploughing system compared to the mulching system in the upper soil (Fig. 5B). Mass loss in the mulching system declined with increasing soil depth from 40% to 34%, whereas in the ploughing system the mass loss was evenly distributed. Among herbicide strategies, mass loss was not significantly influenced across soil depths (Fig. 5C).

Mass loss showed no significant differences among herbicide strategies across environments in both tillage systems (Fig. 6).

In comparison to the mulching system, the ploughing system revealed a significant lower mass loss on average across six environments (Fig. 7A). Mass loss was higher in the mulching system at four environments compared to the ploughing system. Differences were more distinct in 2008 than in 2009 (Fig. 7B).

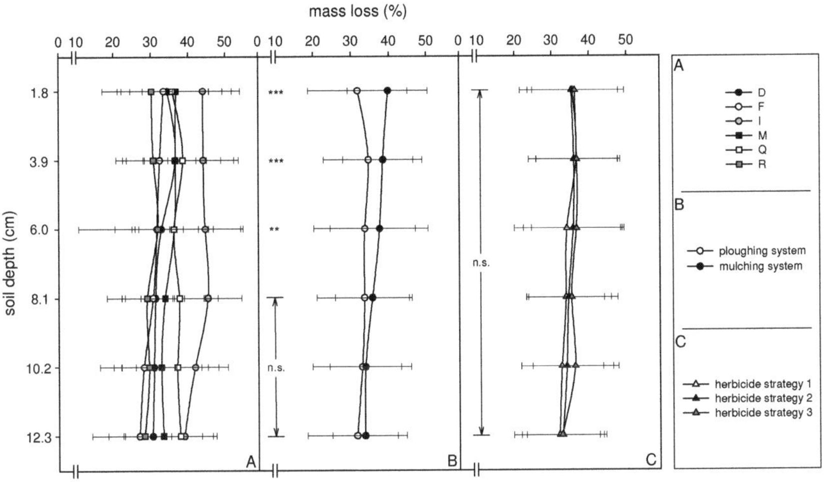

Fig. 5: Mass loss of wheat straw in a vertical distribution in growing season of sugar beet as affected by environment (site x year) (A), tillage system (B), and herbicide strategy (C), Germany 2008/2009. Means and standard deviations for (A) n = 96, (B) n = 288, and (C) n = 192. Significance of differences ascertained by Tukey and Kramer adjustment. Probability values: ** at $P \leq 0.01$ and *** at $P \leq 0.001$, n.s. = non-significant.

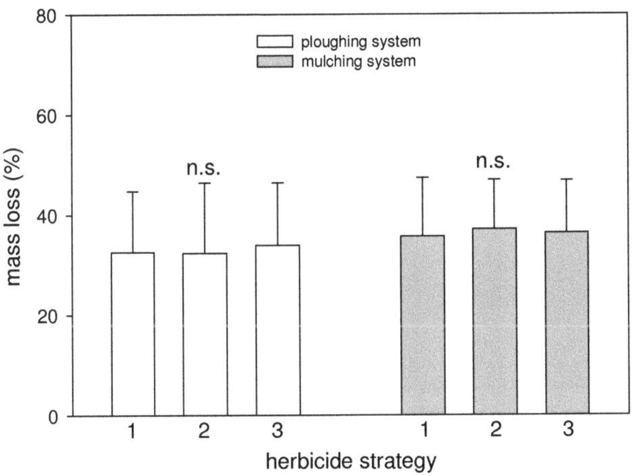

Fig. 6: Mass loss of wheat straw in growing season of sugar beet as affected by environment and herbicide strategy across soil depths, Germany 2008/2009. Means and standard deviations for n = 576. Significance of differences among herbicide strategies ascertained by Tukey and Kramer adjustment. Different letters above bars indicate significant differences ($P \leq 0.05$), n.s. = non-significant.

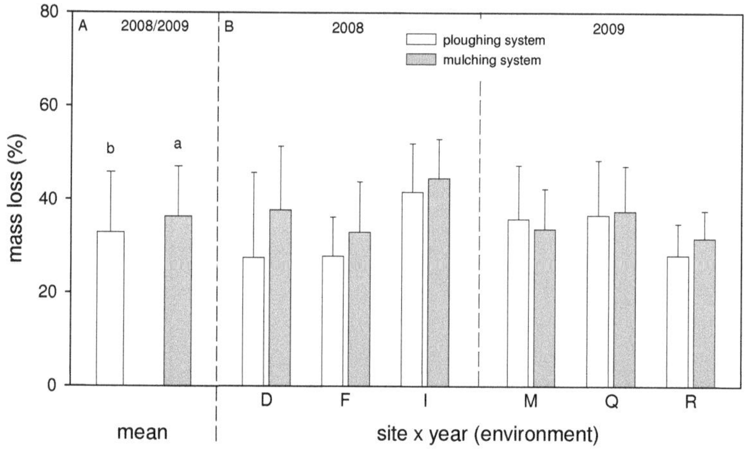

Fig. 7: Mass loss of wheat straw in growing season of sugar beet as affected by environment and tillage system across soil depths, Germany 2008/2009. Means and standard deviations for samples as mean across environments (n = 1728) (A) and at single environments (n = 288) (B). Significance of differences between tillage systems ascertained by Tukey and Kramer adjustment. Different letters above bars indicate significant differences ($P \leq 0.05$).

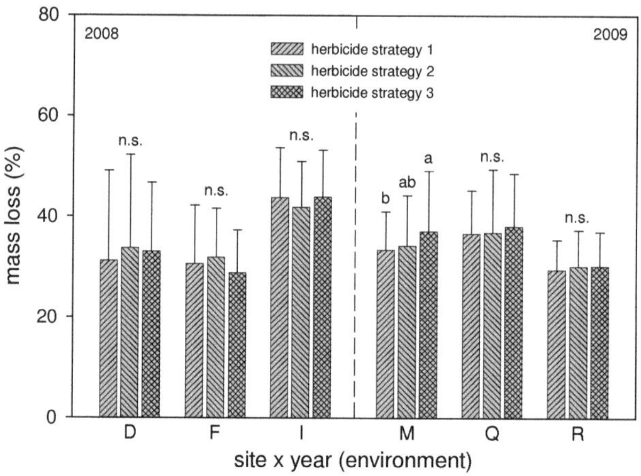

Fig. 8: Mass loss of wheat straw in growing season of sugar beet as affected by environment and herbicide strategy across soil depths, Germany 2008/2009. Means and standard deviations for n = 192. Significance of differences among herbicide strategies ascertained by Tukey and Kramer adjustment. Different letters above bars indicate significant differences ($P \leq 0.05$), n.s. = non-significant.

Differences in mass loss among herbicide strategies were not significant at five environments (Fig. 8). At environment M, a significantly higher mass loss was found in strategy 3 in comparison to strategy 1.

Due to high amount of data, no graphical representation is provided for correlation results of mass loss and feeding activity with meteorological and pedological parameters. However, all significant correlations are listed in the following.

Significant correlation was detected between mass loss and soil validation index ($r = 0.88$ and $P = 0.02$), irrespective of other factors. Mass loss in the mulching system across environments indicated a significant negative correlation with the organic carbon content ($r = -0.94$ and $P = 0.005$). Although non-significant, mass loss in the mulching system showed also a close negative correlation with pH value ($r = -0.79$ and $P = 0.06$). More detailed, mass loss of all three herbicide strategies showed decreasing effects due to raising pH values (herbicide strategy 1 and 2 significant; $r = 0.88$ and $P = 0.02$).

Feeding activity in the ploughing system correlated negatively with precipitation ($r = -0.53$ and $P = 0.02$) and positively with temperature ($r = 0.52$ and $P = 0.02$). The relationship was consistent among the soil depths with a high correlation coefficient and differing *P*-values. However, feeding activity in herbicide strategy 2 within the mulching system tended to decrease with increasing precipitation ($r = -0.63$ and $P = 0.003$). Among the soil profile, this response was inconsistent and not significant to 25 mm soil depth (sixth hole), but inherently amplified in significance at 75 mm soil depth.

Discussion

Methodology

Hitherto, research on herbicide effects *in situ* mainly focused on one component of agricultural intensity. The aim of this study was to investigate quantitatively the influence of herbicide strategy, tillage intensity, environment (site x year), and their interactions on the biological activity of the edaphic community in sugar beet cultivation. It was hypothesized that the impact of herbicide strategy is of minor significance. Therefore, it was regarded to be necessary to study herbicide strategy effects in an extensive quantitative analysis under field conditions in order to achieve clear and reliable data. The 19 environments include diverse soil and weather conditions representative of sugar beet cultivation in Central Europe. Tillage intensity was represented by a ploughing system and a mulching system, now common on more than 40% of acreage in German sugar beet cultivation (Vasel et al., 2012). The three herbicide strategies encompassed a variation of application intensity in terms of the necessary minimum established in the guideline of the integrated pest management related to the EU-legislation (Gummert et al., 2012).

An untreated control was omitted due to the incompatibility of comparison associated with the need for mechanical weed control during the entire growing period. This management option is accompanied by intensive physical top soil disturbance and compaction, having a high impact on the edaphic community. Thus, conclusions in this study can be drawn on the differences among herbicide strategies as such.

The biological activity as a functional parameter describes the dynamic of soil organisms in processing organic matter and is a sensitive ecological indicator in relation to agricultural management intensities (Burrows and Edwards 2002; Lupwayi et al., 2004; Marinari et al., 2006). In this study, the term biological activity is analytically synonymous with the mass loss of wheat straw and the feeding activity on an artificial substrate. Biological activity took into account the entire edaphic community which is collectively involved in decomposition of organic matter. For an appropriate assessment of the response of the biological activity on herbicide strategies, two different screening methods in accordance with the proposal of van Gestel et al. (2003) were considered to be necessary. The strength and robustness of experimental design was represented by 576 mini-container bars (mass loss) and 7296 bait-lamina strips (feeding activity). The sensitivity of both methods has been reviewed by Knacker et al. (2003). In the present study, both methods clearly differentiated among investigated factors and proved to be suitable for use in complex studies on agricultural intensification.

The mini-container test was placed after the last herbicide application and left until harvest. The bait-lamina test was applied shortly before harvest when soil organisms were very active (André et al., 2009). The methods cannot be compared directly because effects are attributed to different soil organisms depending on exposure depth, exposure time, applied substrate, and its accessibility for soil organisms (Paulus, 1993). It is difficult to appropriately assign the biological activity to certain soil organisms, therefore feeding activity cannot simply classify species-specific effects (Kratz, 1998). However, several authors referred explicitly to certain species influencing feeding activity so far. Macrofaunal species (van Gestel et al., 2003; Förster et al., 2004) and/or organisms of the mesofauna (Heisler and Brunotte, 1998; Helling et al., 1998; Geissen et al., 2007) were reported to exhibit relatively high bait-lamina consumption. In the mini-container test, macrofauna was excluded by the mesh size chosen (2 mm). Therefore, mass loss was supposed to measure the activity of the mesofauna (Dittmer and Schrader, 2000) and microorganisms (Geissen and Brümmer, 1999).

Environment and tillage system

The variation in feeding activity and mass loss among environments investigated was large with differences of 58% and 10%, respectively. Because of the different exposure times, feeding activity in 2008 was 10% higher than in 2009, regardless of tillage system and herbicide strategy. However, feeding activity at four environments with relatively long exposure durations of more than 20 days was extremely low with 9.5% to 11.6% compared to the average of about 28% at the other environments with shorter exposure periods in 2008 and 2009. Among environments mass loss ranged from 30% to 43% with only slight differences between both years.

The high variability in feeding activity across environments accords with results of other studies (Filzek et al., 2004; André et al., 2009). With respect to decomposition rates measured by the mini-container test, Emmerling and Eisenbeis (1998) reported distinct differences among environments, as well. In the present study, the results of both tests demonstrated the variable environmental conditions mainly associated with soil temperature and soil moisture content affecting the edaphic community (Cortez, 1998) and in particular the feeding activity (Larink and Kratz, 1994; Förster et al., 2004). Due to the long period of exposure, mass loss is the more robust parameter representing seasonal weather changes across environments and sugar beet vegetation, while feeding activity instead reflected the site-specific weather conditions during autumn.

The biological activity of the edaphic community is species-related (Kula and Kokta, 1992; Hättenschwiler et al., 2005; Römbke et al., 2006) and might change not only depending on environmental conditions but also on agricultural management options. In particular, increased tillage intensity plays an integral and important role in reducing the biological activity of the edaphic community (Matson et al., 1997; Heisler and Brunotte, 1998; Lenz and Eisenbeis, 1998; Tebrügge and Düring, 1999). The ploughing system showed a significantly lower feeding activity (22.4% to 26.5%) and mass loss (32.9% to 36.4%) than the mulching system across environments. These results correspond with those reported in previous studies (Heisler, 1998; Heisler and Brunotte, 1998, Lenz and Eisenbeis, 1998). Regardless of direct disturbance from ploughing, the reason is mainly associated with the stratification of catch crop residues (Röhrig et al., 1998). Across environments, the mulching system maintained distinctively higher feeding activity and mass loss in the upper soil depth as fostered by higher content of organic matter in topsoil (Jacobs et al., 2009) due to lower incorporation of catch crop residues (Heisler, 1998). In both tillage systems feeding activity and mass loss steadily diminished downwards the soil profile with more considerable hyperbole reaction of feeding activity in the mulching system. This effect may also relate to the higher concentration of nutrients and humus in the upper soil depth (Röhrig et al., 1998; Dieckmann and Koch, 2008). The significant correlation of mass loss in the mulching system with organic carbon content underlined this relationship. Koch and Stockfisch (2006) observed a partial decline of organic matter caused by ploughing after prolonged conservation tillage, which in turn may explain the missing correlation in the ploughing system. Moreover, the close connection between mass loss and pH value in the mulching system across environments reflected the linkage of pH value and organic carbon content (Autio et al., 2004), and additionally stressed the sensitivity of the mini-container test. In the mulching system, soil organisms may have preferred the easy degradable residues of the catch crop yellow mustard in the top soil depth compared to the wheat straw and to the artificial bait substrate. In contrast, paucity of residues in the top soil of the ploughing system enhanced the attractiveness of exposed substrates by mini-container and bait strips (van Gestel et al., 2003). Thus, the differences between both tillage systems tended evenly to be underestimated.

It was apparent that due to the shorter exposure duration of the bait-lamina test, feeding activity was more strongly affected by rapidly changing weather conditions at environments. Based on present results, it can be inferred that temperature limited the feeding activity in the ploughing system stronger than precipitation. Environments with longer exposure time were typified by highest precipitation and lowest temperatures. Although high soil moisture content enhances the activity of decomposer fauna (Malkomes, 1980; Dittmer and Schrader, 2000), present results showing a strong influence of temperature correspond to other studies (Gongalsky et al., 2008; André et al., 2009). Otherwise, the conserving effect of the mulching system on soil moisture content and temperature (House and Parmelee, 1985; Wardle, 1995) could have buffered the impact of precipitation and temperature during the exposure time for both screening methods.

Herbicide strategies

The impact of herbicides on the edaphic community is rather indirect due to the reduction of weed population as a food resource and habitat (Marshall et al., 2003) compared to the direct effect of fungicides and insecticides (Edwards and Bohlen, 1992). This non-toxicity was assessed by investigating the effect on diverse soil organisms of the edaphic community using single herbicidal active ingredients (e.g., Wardle et al., 1999; Farenhorst et al., 2003; Pereira et al., 2009) or combinations (e.g., House et al., 1987; Lupwayi et al., 2009) without considering intensity-oriented approaches. Direct toxic effects of herbicides on soil organisms have mainly been demonstrated in laboratory assays (e.g., Novais et al., 2010; Haque et al., 2011). However, results of laboratory tests cannot be extrapolated to the complexity of an *in situ* field situation where different environmental properties influence the effect and conversion of substances (Amorim et al., 2005). In this context, the impact of combined and low dosage herbicides as strategies was never investigated *in situ*, and therefore it was the core target to be quantitatively measured in the present study.

Among the examined factors, herbicide strategy distinctively caused the lowest differences in biological activity. Despite marked variations of herbicidal composition and dosage, the differences in feeding activity and mass loss were only in a range of 24% to 25% and 34% to 35%, respectively. However, the effects of herbicide strategy were in relation to environment (Fig. 4 and Fig. 8) and tillage system in some cases significant, but very low in magnitude (Fig. 2). Considering the very large number of samples, even minor differences are statistically significant, although they fit in no mechanistic framework biological activity.

Possible reasons for the interaction of herbicide strategy to environment could be originated in the conjunction with chemical characteristics of active ingredients (e.g., adsorption coefficient, solubility, vapour pressure). The primary important factors influencing degradation behavior of pesticides are often soil moisture content and soil temperature (Walker, 2006) and also soil texture like clay content (Heimbach et al., 1995; Coquet et al., 2004), irrespective of soil alterations by tillage. Therefore, significant interactions were probably induced by differences among environments. However, prevailing temperature and precipitation did not relate to the biological activity in any herbicide strategy throughout exposure time across environments. Difficulties in interpretations of herbicidal behavior obviously appeared in accordance with varied and branched conditions at environments (Damalas and Eleftherohorinos, 2011).

In general, differences in the biological activity among environments cannot be attributed to the toxicity of one specific herbicide alone because the combination of compounds augments the toxicity (Junghans et al., 2006; Kortenkamp et al., 2009; Price and Han, 2011). The divergent outcomes in feeding activity and mass loss support the general conclusion that herbicide strategies did not have clear environmental effects.

The higher concentration of residues on the soil surface in the mulching system leads to stronger adsorption of herbicides (Sanchezmartin and Sanchezcamazano, 1991; Coquet and Barriuso, 2002) depending on their binding affinity which can reduce their overall faunal impact (Farenhorst et al., 2003). On the other hand, the interception may hinder soil organisms consuming and/or inhabiting residues (Edwards, 2002). This is consistent with Malkomes (1980) who reported a stronger negative response of the biological activity related to herbicide application in the upper 5 cm soil depth presumably caused by a higher accumulation. In contrast, in the present study biological activity in this soil depth was more obviously influenced by the mulching system than by the herbicide strategy.

Regardless of adsorption, both tillage systems revealed small but significant differences of feeding activity among herbicide strategies. In contrast to the mini-container test, feeding activity should also reflect the response of the macrofauna as well. In addition to collembola (Sturm et al., 2002) it is known that earthworms are major bait feeders (Hamel et al., 2007; Gongalsky et al., 2008). However, neither the age levels nor the ecological groups of earthworm population were affected by the herbicide strategies in the same experiment (Marwitz et al., 2012).

Conclusions

The benefits of herbicide application in sugar beet cultivation are well known (Märländer et al., 2003), and its application intensity is currently defined as part of the guidelines of integrated pest management (Gummert et al., 2012). This study aimed to analyze *in situ* the impact of herbicide strategies (application rate and herbicidal composition) on biological activity measured by the tests used as an appropriate parameter or indicator for estimating soil ecosystem function (Coleman et al., 2004). Quantitative analysis was done in relation to tillage intensity and environment from which a more distinct influence was expected and also found. The results convincingly demonstrated no consistent substantive differences on biological activity among the herbicide strategies. In contrast, environment (site by year interaction) and tillage intensity considerably affected the activity of the edaphic community. Even the large variance of both factors did not mask the lack of effects of the herbicide strategies. It rather emphasized the validity of obtained quantitative results and their representativeness for sugar beet cultivation. Moreover, the environmental risk potential of the herbicide strategies on indicator species in non-target compartments can be considered as non-hazardous described by the SYNOPS-simulation results of Gutsche et al. (2011) obtained from the same experiments.

However, it is difficult to account whether the herbicide strategies have a general impact on the entire 'soil based' agroecosystem. A meaningful ecotoxicological assessment should not only be related to the basis of the functional ecosystem response alone (Edwards, 1984). A multifactorial approach should be focused for assessing wider biodiversity effects. This is rendered by negligibly hazardous impacts of herbicides on the structure of the edaphic community illustrated by the indicator 'earthworm' (Marwitz et al., 2012). In conclusion, this stability in functional and structural biodiversity coincided best with the aims of the EU plant protection legislation to achieve a sustainable use of pesticides by reducing their risks and impacts on human health and the environment and promoting the use of integrated pest management (EU, 2009).

Acknowledgements

This study was financially supported through funds of the Federal Ministry of Food, Agriculture and Consumer Protection (BMELV) as part of the innovation funding of the Federal Agency for Agriculture and Food (BLE). Additionally, the authors owe many thanks to regional working groups for their contributions and support for carrying out the field experiments. Thanks are also extended to all the colleagues of the Institute of Sugar Beet Research involved in this study, especially Kerstin Klapproth for her unfailing commitment in fieldwork and laboratory activities and Udo Curdt for his technical assistance throughout the study. We are also grateful to Dr. Christian Kluth for his advice in statistical analysis and to Dr. Karl Teiwes for his help and expertise in pedology. Dr. Sabine von Tiedemann, Dr. Anna Jacobs and Stephen Kaffka, Ph.D. provided valuable suggestions regarding the linguistics and content that improved the manuscript.

References

Amorim, M.J.B., Römbke, J. Scheffczyk, A., Soares, A.M.V.M., 2005. Effect of different soil types on the enchytraeids *Enchytraeus albidus* and *Enchytraeus luxuriosus* using the herbicide phenmedipham. Chemosphere 61, 1102-1114.

André, A., Antunes, S.C., Gonçalves, F., Pereira, R., 2009. Bait-lamina assay as a tool to assess the effects of metal contamination in the feeding activity of soil invertebrates within a uranium mine area. Environ. Pollut. 157, 2368-2377.

Autio, S., Siimes, K., Laitinen, P., Rämö, S., Oinonen, S., Eronen, L., 2004. Adsorption of sugar beet herbicides to Finnish soils. Chemosphere 55, 215-226.

Bamford, S.S., 1997. Protozoa: recycling and indicators of agro-ecosystem quality. In: Benckiser, G. (Ed.), Fauna in Soil Ecosystem. Dekker, New York, pp. 63-84.

Bardgett, R.D., Chan, K.F., 1999. Experimental evidence that soil fauna enhance nutrient mineralization and plant nutrient uptake in montane grassland ecosystem. Soil Biol. Biochem. 31, 1007-1014.

Barrios, E., 2007. Soil biota, ecosystem services and land productivity. Ecol. Econ. 64, 269-285.

Becker, J., Makus, P., Schrader, S., 2001. Interactions between soil micro- and mesofauna and plants in an ecofarming system. Eur. J. Soil Biol. 37, 245-249.

Buhre, C., Bürcky, K., Schmitz, F., Schulte, M., Ladewig, E., 2011. Survey on sugar beet production technology - state and trends (1994-2010). Zuckerind. 136, 670-677.

Burrows, L.A., Edwards, C.A., 2002. The use of integrated soil microcosms to predict effects of pesticides on soil ecosystems. Eur. J. Soil Biol. 38, 245-249.

Coleman, D.C., Crossley, D.A., Hendrix, P.F., 2004. Fundamentals of Soil Ecology, 2nd Ed. Elsevier Academic Press, Amsterdam-Boston.

Coquet, Y., Ribiere, C., Vachier, P., 2004. Pesticide adsorption in the vadose zone: a case study on Eocene and Quaternary materials in Northern France. Pest Manag. Sci. 60, 992-1000.

Cortez, J., 1998. Field decomposition of leaf litters: relationships between decomposition rates and soil moisture, soil temperature and earthworm activity. Soil Biol. Biochem. 30, 783-793.

Coquet, Y., Barriuso, E., 2002. Spatial variability of pesticide adsorption within the topsoil of a small agricultural catchment. Agronomie 22, 389-398.

Damalas, C.A., Eleftherohorinos, I.G., 2011. Pesticide exposure, safety issues and risk assessment indicators. Int. J. Environ. Res. Public Health 8, 1402-1419.

Diacono, M., Montemurro, F., 2010. Long-term effects of organic amendments on soil fertility. Agron. Sustain. Dev. 30, 401-422.

Dieckmann, J., Koch, H.-J., 2008. Einfluss langjähriger differenzierter Bodenbearbeitung auf chemische Bodeneigenschaften und Zuckerrübenertrag. Pflanzenbauwissenschaften 12, 22-31.

Dittmer, S., Schrader, S., 2000. Longterm effects of soil compaction and tillage on Collembola and straw decomposition in arable soil. Pedobiologia 44, 527-538.

Edwards, C.A., 1984. Changes in agricultural practice and their impact on soil organisms. In: Jenkins, D. (Ed.), Agriculture and the Environment. Proceedings of the Institute of Terrestrial Ecology Symposium No. 13. ITE Publ., Cambridge, pp. 56-65.

Edwards, C.A., Bohlen, P.J., 1992. The effects of toxic chemicals on the earthworms. Rev. Environ. Contam. Toxicol. 125, 23-99.

Edwards, C.A., 2002. Assessing the effects of environmental pollutants on soil organisms, communities, processes and ecosystems. Eur. J. Soil Biol. 38, 225-231.

Eisenbeis, G., 1993. Zersetzung im Boden. In: Ehrnsberger, R. (Ed.), Bodenmesofauna und Naturschutz, Bedeutung und Auswirkung von anthropogenen Maßnahmen. Inf. Natursch. Landschaftspfl. 6. Naturschutzverband Niedersachsen, Verlag Günter Runge, Cloppenburg, pp. 53-76.

Emmerling, C., Eisenbeis, G., 1998. Influence of modern soil restoration techniques on litter decomposition in forest soils. Appl. Soil Ecol. 9, 501-507.

EU, 2009. Directive 2009/128/EC of the European Parliament and of the Council of 21 October 2009: Establishing a framework for community action to achieve the sustainable use of pesticides. In: Official Journal of the European Union, L 309/71.

Farenhorst, A., Tomlin, A.D., Bowman, B.T., 2003. Impact of herbicide application rates and crop residue type on earthworm weights. Bull. Environ. Contam. Toxicol. 70, 477-484.

Filzek, P.D.B., Spurgeon, D.J., Broll, G., Svendsen, C., Hankard, P.K., Parekh, N., Stubberud, H.E., Weeks, J.M., 2004. Metal effects on soil invertebrate feeding: measurement using the bait lamina method. Ecotoxicology 13, 807-816.

Förster, B., Van Gestel, C.A.M., Koolhaas, J.E., Nentwig, G., Rodrigues, J.M.L., Sousa, J.P., Jones, S.E., Knacker, T., 2004. Ring-testing and field-validation of a Terrestrial Model Ecosystem (TME) - an instrument for testing potentially harmful substances: Effects of carbendazim on organic matter breakdown and soil fauna feeding activity. Ecotoxicology 13, 129-141.

Freemark, K., Boutin, C., 1995. Impact of agricultural herbicide use on terrestrial wildlife in temperate landscape: a review with special reference to North America. Agric. Ecosyst. Environ. 52, 67-91.

Geissen, V., Brümmer, G.W., 1999. Decomposition rates and feeding activities of soil fauna in deciduous forest soils in relation to soil chemical parameters following liming and fertilization. Biol. Fertil. Soils 29, 335-342.

Geissen, V., Gehrmann, J., Genssler, L., 2007. Relationships between soil properties and feeding activity of soil fauna in acid forest soils. J. Plant Nutr. Soil Sc. 170, 632-639.

Van Gestel, C.A.M., Kruidenier, M., Berg, M.P., 2003. Suitability of wheat straw decomposition, cotton strip degradation and bait-lamina feeding tests to determine soil invertebrate activity. Biol. Fertil. Soils 37, 115-123.

Gongalsky, K.B., Persson, T., Pokarzheuskii, A.D., 2008. Effects of soil temperature and moisture on the feeding activity of soil animals as determined by the bait-lamina test. Appl. Soil Ecol. 39, 84-90.

Gummert, A., Ladewig, E., Märländer, B., 2012. Guidelines for integrated pest management in sugar beet cultivation - weed control. J. Kulturpflanz. 64,105-111.

Gutsche, V., Strassemeyer, J., Ladewig, E., 2011. Modellierung des Umwelt-Risikopotenzials von Pflanzenschutzstrategien im Zuckerrübenanbau. Gesunde Pflanz. 64, 11-19.

Hamel, C., Schellenberg, M.P., Hanson, K., Wang, H., 2007. Evaluation of the 'bait-lamina test' to assess soil microfauna feeding activity in mixed grassland. Appl. Soil Ecol. 36, 199-204.

Haque, A., Das Gupta, R., Chakravorty, P.P., 2011. Effect of two herbicides on *Xenylla Welchi* (Hexapoda: Collembola) under laboratory conditions. Bull. Environ. Contam. Toxicol. 86, 583-586.

Hättenschwiler, S., Tiunov, A.V., Scheu, S., 2005. Biodiversity and litter decomposition in terrestrial ecosystems. Annu. Rev. Ecol. Evol. Syst. 36, 191-218.

Heimbach, U., Wehling, A., Metge, K., Siebers, J., Kula, H., 1995. Untersuchung zur Bioverfügbarkeit von Pflanzenschutzmitteln in verschiedenen Böden für Laufkäfer, Spinnen und Regenwürmer. Gesunde Pflanz. 47, 64-69.

Heisler, C., 1998. Influence of tillage and crop rotation on biological activity. Agribiol. Res. 51, 289-297.

Heisler, C., Brunotte, J., 1998. Beurteilung der Bodenbearbeitung mit Pflug und der konservierenden Bodenbearbeitung hinsichtlich der biologischen Aktivität mittels des Köderstreifen-Tests nach von Törne sowie der Populationsdichten von Collembolen und Raubmilben. Landbauforsch. Volk. 48, 78-85.

Helling, B., Pfeiff, G., Larink, O., 1998. A comparison of feeding activity of collembolan and enchytraeid in laboratory studies using the bail-lamina test. Appl. Soil Ecol. 7, 207-212.

Holland, J.M., 2004. The environmental consequences of adopting conservation tillage in Europe: reviewing the evidence. Agric. Ecosyst. Environ. 103, 1-25.

House, G.J., Parmelee, R.W., 1985. Comparison of soil arthropods and earthworms from conventional and no-tillage agroecosystems. Soil Till. Res. 5, 351-360.

House, G.J., Worsham, A.D., Sheets, T.J., Stinner, R.E., 1987. Herbicide effects on soil arthropod dynamics and wheat straw decomposition in a North Carolina no-tillage agroecosystem. Biol. Fertil. Soils 4, 109-114.

Irmler, U., 1998. Spatial heterogeneity of biotic activity in the soil of a beech wood and consequences for the application of the bait-lamina-test. Pedobiologia 42, 102-108.

Jacobs, A., Rauber, B., Ludwig, B., 2009. Impact of reduced tillage on carbon and nitrogen storage of two Halpic Luvisols after 40 years. Soil Till. Res. 102, 158-164.

Junghans, M., Backhaus, T., Faust, M., Scholze, M., Grimme, L.H., 2006. Application and validation of approaches for the predictive hazard assessment of realistic pesticide mixtures. Aquat. Toxicol. 75, 93-110.

Knacker, T., Förster, B., Römbke, J., Frampton, G.K., 2003. Assessing the effects of plant protection products on the organic matter breakdown in arable fields - litter decomposition test systems. Soil Biol. Biochem. 35, 1269-1287.

Koch, H.-J., Pringas, C., Scherer, J., 2003. Conservation tillage for sustainable sugarbeet production in Germany - environmental and phytopathological aspects. Zuckerind. 128, 810-813.

Koch, H.-J., Stockfisch, N., 2006. Loss of soil organic matter upon ploughing under a loess soil after several years of conservation tillage. Soil Till. Res. 86, 73-83.

Kortenkamp, A., Backhaus, T., Faust, M., 2009. State of the Art Report on Mixture Toxicity - Final Report / Executive Summary. The School of Pharmacy University of London.

Kratz, W., 1998. The bait-lamina test. Environ. Sci. Pollut. Res. 5, 94-96.

Kula, H., Kokta, C., 1992. Side effects of selected pesticides on earthworm under laboratory and field conditions. Soil Biol. Biochem. 24, 1711-1714.

Larink, O., Kratz, W., 1994. Köderstreifen-Workshop in Braunschweig - ein Resümee. Braunschw. Natkdl. Schri. 4, 647-651.

Lavelle, P., 1997. Faunal activities and soil processes: Adaptive strategies that determine ecosystem function. Adv. Ecol. Res. 27, 93-132.

Lee, K.E., 1985. Earthworms: Their Ecology and Relationship with Soils and Land Use. Academic Press, Sydney.

Lenz, R., Eisenbeis, G., 1998. An extraction method for nematodes in decomposition studies using the minicontainer-method. Plant Soil 198, 109-116.

Lupwayi, N.Z., Clayton, G.W., O'Donovan, J.T., Harker, K.N., Turkington, T.K., Rice, W.A., 2004. Soil microbiological properties during decomposition of crop residues under conventional and zero tillage. Can. J. Soil Sci. 84, 411-419.

Lupwayi, N., Z., Harker, K.N., Clayton, G.W., O'Donovan, J.T., Blackshaw, R.E., 2009. Soil microbial response to herbicides applied to glyphosate-resistant canola. Agric. Ecosyst. Environ. 129, 171-176.

Malkomes, H.-P., 1980. Strohrotteversuche zur Erfassung von Herbizid-Nebenwirkungen auf den Strohumsatz im Boden. Pedobiologia 20, 417-427.

Marinari, S., Mancinelli, R., Carnpiglia, E., Grego, S., 2006. Chemical and biological indicators of soil quality in organic and conventional farming systems in Central Italy. Ecol. Indic. 6, 701-711.

Märländer, B., Hoffmann, C., Koch, H.-J., Ladewig, E., Merkes, R., Petersen, J., Stockfisch, N., 2003. Environmental situation and yield performance of the sugar beet crop in Germany: heading for sustainable development. J. Agron. Crop Sci. 189, 201-226.

Marshall, E.J.P., Brown, V.K., Boatman, N.D., Lutman, P.J.W., Squire, G.R., Ward, L.K., 2003. The role of weeds in supporting biological diversity within crop fields. Weed Res. 43, 77-89.

Marwitz, A., Ladewig, E., Märländer, B., 2012. Impact of herbicide application intensity in relation to environment and tillage on earthworm population in sugar beet in Germany. Eur. J. Agron. 39, 25-34.

Matson, P.A., Parton, W.J., Power, A.G., Swift, M.J., 1997. Agricultural intensification and ecosystem properties. Science 277, 504-509.

Millenium Ecosystem Assessment (MEA), 2005. Ecosystem and Human Well-Being: Synthesis. Island Press, Washington, DC.

Mittler, S., Petersen, J., Koch, H.-J., 2002. Economic thresholds of weed control in sugar beets. J. Plant Dis. Prot. 18, 499-509.

Murphy, K.L., Klopatek, J.M., Klopatek, C.C., 1998. The effect of litter quality and climate on decomposition along elevational gradient. Ecol. Appl. 8, 1061-1071.

Novais, S.C., Soares, A.M.V.M., Amorim, M.J.B., 2010. Can avoidance in *Enchytraeus albidus* be used as a screening parameter for pesticides testing? Chemosphere 79, 233-237.

Paulus, R., Römbke, J., Ruf, A., Beck, L., 1999. A comparison of the litterbag-, minicontainer- and bait-lamina-methods in an ecotoxicological field experiment with diflubenzuron and btk. Pedobiologia 43, 120-133.

Pereira, J.L., Antunes, S.C., Castro, B.B., Marques, C.R., Gonçalves, A.M.M., 2009. Toxicity evaluation of three pesticides on non-target aquatic and soil organisms: commercial formulations versus active ingredient. Ecotoxicology 18, 455-463.

Piepho, H.P., Büchse, A., Emrich, K., 2003. A hitchhiker's guide to mixed models for randomized experiments. J. Agron. Crop Sci. 189, 310-322.

Postma-Blaauw, M.B., De Goede, R.G.M., Bloem, J., Faber, J.H., Brussard, L., 2010. Soil biota community structure and abundance under agricultural intensification and extensification. Ecology 91, 460-473.

Price, P.S., Han, X., 2011. Maximum Cumulative Ratio (MCR) as a tool for assessing the value of performing a cumulative risk assessment. Int. J. Environ. Res. Public Health 8, 2212-2225.

Riley, H., Pommeresche, R., Eltun, R., Hansen, S., Korsaeth, A., 2008. Soil structure, organic matter and earthworm activity in a comparison of cropping systems with contrasting tillage, rotations, fertilizer levels and manure use. Agric. Ecosyst. Environ. 124, 275-284.

Röhrig, R., Langmaack, M., Schrader, S., Larink, O., 1998. Tillage systems and soil compaction - their impact on abundance and vertical distribution of Enchytraeidae. Soil Till. Res. 46, 117-127.

Römbke, J., Höfer, H., Garcia, M.V.B., Martius, C., 2006. Feeding activities of soil organisms at four different forest sites in Central Amazonia using the bait lamina method. J. Trop. Ecol. 22, 313-320.

Sanchez-Martin, M.J., Sanchez-Camazano, M., 1991. Adsorption of chloridazon by soils and their components. Weed Sci. 39, 417-422.

Springett, J.A., Gray, R.A.J., 1992. Effect of repeated low doses of biocides on the earthworm *Aporrectodea caliginosa* in laboratory culture. Soil Biol. Biochem. 24, 1739-1744.

Strickland, M.S., Osburn, E., Lauber, C., Fierer, N., Bradford, M.A., 2009. Litter quality is in the eye of the beholder: Initial decomposition rates as a function of inoculum characteristics. Funct. Ecol. 23, 627-636.

Sturm Jr., M., Sturm, M., Eisenbeis, G., 2002. Recovery of the biological activity in a vineyard soil after landscape redesign: A three-year study using the bait-lamina method. Vitis 41, 43-45.

Swift, M.J., Heal, O.W., Anderson, J.M., 1979. Decomposition in Terrestrial Ecosystem. Oxford Publications, Oxford, U.K..

Tebrügge, F., Düring, R.-A., 1999. Reducing tillage intensity - a review of results from a long-term study in Germany. Soil Till. Res. 53, 15-28.

Von Törne, E., 1990. Assessing feeding activities of soil living animals. I. Bait-lamina-test. Pedobiologia 34, 89-101.

Vasel, E.-H., Ladewig, E., Märländer, B., 2012. Weed composition and herbicide use strategies in sugar beet cultivation in Germany. J. Kulturpflanz. 64, 112-125.

Walker, A., 2006. Evaluation of a simulation model for prediction of herbicide movement and persistence in soil. Weed Res. 27, 143-152.

Wardle, D.A., 1995. Impacts of disturbance on detritus food webs in agro-ecosystems of contrasting tillage and weed management practices. Adv. Ecol. Res. 26, 105-185.

Wardle, D.A., Nicholson, K.S., Bonner, K.I., Yeates, G.W., 1999. Effects of agricultural intensification on soil-associated arthropod population dynamics, community structure, diversity and temporal variability over a seven-year period. Soil Biol. Biochem. 31, 1691-1706.

5. Epilog

Risikoabschätzung von Herbizidstrategien im Zuckerrübenanbau auf Basis modellierter Wirkstoffkonzentrationen im Boden

Einleitung

Gemäß der europäischen Wasserrahmenrichtlinie als Instrument des integrierten Gewässerschutzes sind Oberflächen- und Grundwässer ein zu schützendes Gut (EU, 2000). Der Eintrag von Pflanzenschutzmitteln (PSM) in aquatische Kompartimente stellt ein unbestrittenes Risiko für die betroffenen Ökosysteme dar (Schäfer et al., 2011). So können PSM trotz gesetzlicher Maßgaben und deren sachgerechter und bestimmungsgemäßer Umsetzung im Sinne des Pflanzenschutzgesetzes und der guten fachlichen Praxis über verschiedenste Pfade in die Wasserkörper gelangen (Bach et al., 2001). Im Vergleich zu punktuellen Eintragsquellen, wie z. B. Kläranlagenausläufen und direkte Einleitung, stellen die diffusen Eintragspfade, wie z. B. von landwirtschaftlichen Nutzflächen, ein unkontrollierbares Risiko insbesondere für anrainende Oberflächengewässer dar (Hill, 2010). Eine Gefahr der PSM-Kontamination von Oberflächengewässern ist besonders durch den von Starkregenereignissen abhängigen lateralen Oberflächenabfluss (run-off) partikelgebundener oder gelöster PSM gegeben (Wauchope, 1978; Neumann et al., 2002; Hill, 2010). Das Ausmaß einer Kontamination des Grundwassers ist hingegen von der Tiefenverlagerung des PSMs im Bodenkörper und seiner Abbaubarkeit in tiefen Bodenschichten abhängig (Hurle, 1982). Da Trinkwasser in Deutschland zu 70 % aus Grundwasser gewonnen wird (Säle, 1988; Hurle et al., 1994), kommt der Einhaltung verbindlicher Vorsorge-Grenzwerte für PSM von 0,1 $\mu g\ L^{-1}$ für einzelne Wirkstoffe und 0,5 $\mu g\ L^{-1}$ für die Summe der Wirkstoffe eine hohe Bedeutung zu (TrinkwV, 2001).

PSM-Einträge stellen ein erhebliches Risiko für die ökologische Qualität von Oberflächengewässern dar (Schulz und Liess, 2001; Schäfer et al., 2012). Das PSM-Eintragsverhalten hängt von einer Vielzahl von Umweltparametern und landwirtschaftlichen Anbaumaßnahmen sowie Wirkstoffcharakteristika ab. Dabei spielen insbesondere Wasserlöslichkeit, Sorptionsverhalten und Abbaubarkeit, die vor allem die Mobilität eines Wirkstoffes beeinflussen (Brümmer et al., 1994), sowie Witterungs- und Bodenparameter (Hurle, 1982; Haider und Schäffer, 2000) eine wichtige Rolle. Zur Vermeidung direkter und zur Reduzierung indirekter Einträge sind bei PSM-Applikationen auf Ackerflächen die Grundsätze der guten fachlichen Praxis einzuhalten (z. B. Beachtung von Gewässerabstandsauflagen, Anwendungsbestimmungen und einer maximal zulässigen Fahrgeschwindigkeit) (BMELV, 2010). Darüber hinaus stehen anbautechnische Maßnahmen wie die Bodenbearbeitung in enger Verknüpfung mit Bodeneigenschaften (z. B. dem Bodenbedeckungsgrad durch organische Rückstände oder der Aggregatstabilität) (Brunotte, 2007). Der Verbleib von PSM im Boden (Düring und Hummel, 1999; Larsbo et al., 2009) und/oder der Transport in Gewässer (Rosner und Klik, 2005; Locke et al., 2008; Buchanan et al., 2009) kann durch anbautechnische Maßnahmen gleichermaßen beeinflusst werden.

Eine direkte Maßnahme zum Schutz der Umweltgüter bzw. -kompartimente Boden, Wasser und Luft bietet der Einsatz reduzierter PSM-Aufwandmengen. Im Zuckerrübenanbau trägt die Saatgutbehandlung (Pillierung) als punktgenaue Bekämpfung des Schaderregers positiv zum integrierten Pflanzenschutz bei (Diercks und Heitefuss, 1994), da die Risiken unerwünschter Austräge in die Umwelt (z. B. durch Abdrift oder Oberflächenabfluss) deutlich herabgesetzt werden. Bei diesem Verfahren wird das Saatgut als Alternative zur flächendeckenden Applikation mit einem Insektizid und/oder Fungizid ausgestattet bzw. umhüllt und ausgebracht. Als Konsequenz kommt ein sehr viel geringerer Anteil der Anbaufläche mit dem PSM direkt in Kontakt. Im Gegensatz dazu werden Herbizide ganzflächig appliziert (Buhre et al., 2011b), wenn auch in den letzten Jahren immer häufiger mit stark reduzierten Aufwandmengen (Vasel et al., 2012). Herbizide kommen in einem Wachstumsstadium zum Einsatz, in dem der Deckungsgrad der Zuckerrüben und die Konkurrenzkraft gegenüber Unkräutern sehr gering ist (Petersen, 2004). Zwar geht mit der Anwendung reduzierter Aufwandmengen ein verminderter Wirkstoffeintrag in die Umwelt einher, dennoch gelangt der Großteil der ausgebrachten Herbizide auf oder in den Boden (Autio et al., 2004). Unter ungünstigen Witterungs- und Bodenbedingungen ist dadurch die Gefahr einer raschen Tiefenbewegung und oberflächlicher Auswaschung gegeben. Dieser hohe Bodeneintrag ist bei der Ausbringung von Herbiziden unvermeidbar, aber auch teilweise beabsichtigt, da der Kontakt mit dem Kompartiment eine essentielle Voraussetzung für Bodenherbizide darstellt, um über die Wurzel aufgenommen zu werden.

Die Auswirkung der Herbizidstrategien auf die struktur- und funktionsbezogene Biodiversität des Bodenökosystems (Struktur = Regenwurmpopulation und Funktion = biologische Aktivität) in Zuckerrüben wurde in den vorangegangenen Kapiteln bereits ausführlich beschrieben. Funde von Zuckerrüben-Herbiziden in Gewässern sind verglichen mit anderen

Kulturen europaweit als gering einzustufen (IIRB 2005a, 2005b). Über deren Verlagerungsverhalten im Boden unter realistischen Standort- und Anbaubedingungen und das von ihnen ausgehende ökologische Risiko ist jedoch bisher wenig bekannt, da im deutschen PSM-Zulassungsverfahren Wirkstoffverlagerungen im Rahmens eines Worst-Case-Scenarios geprüft werden.

Ziel dieses Teilprojektes war die modellgestützte Untersuchung der quantitativen Verlagerung der für den Zuckerrübenanbau praxisrelevanten herbiziden Wirkstoffe in unterschiedlichen Anwendungsstrategien an 19 Standorten in Deutschland. In Kooperation mit den Pflanzenmittelunternehmen BASF, Bayer CropScience, Dow AgroSciences, DuPont und Feinchemie Schwebda wurde die Verlagerung der einzelnen Wirkstoffe aus drei Herbizidstrategien im Bodenprofil mit dem Modell FOCUS PEARL (Tiktak et al., 2000) durchgeführt. Weiterhin war die Betrachtung eines möglichen ökologischen Risikos anhand der modellierten Wirkstoffkonzentrationen im Bodenprofil Gegenstand der Untersuchungen. Hierbei sollte festgestellt werden, ob die unterschiedliche Anzahl von Wirkstoffen und Aufwandmengen in den Herbizidstrategien eine additive Wirkung auf die Bodenfauna zu verschiedenen Zeitpunkten in der Vegetationsperiode von Zuckerrüben zur Folge hat. Dabei wurden keine Aussagen zum ökologischen Risikoeinzelner Wirkstoffe getroffen. Übergeordnetes Ziel war die vergleichende Abschätzung des auf den Herbizidstrategien basierenden Umwelteinflusses.

Material und Methoden

Versuchsstandorte und anbautechnische Maßnahmen

Die Versuche wurden 2008 an neun und 2009 an zehn Standorten durchgeführt (Umwelt = Jahr x Standort). Relevante boden- und witterungsbezogene Standortcharakteristika sind in Tabelle 1 aufgeführt. Die Versuchsflächen wurden je zur Hälfte konventionell (Pflugsystem) und konservierend (Mulchsystem) bearbeitet. Im Pflugsystem wurden die Ernterückstände der Zwischenfrucht Gelbsenf auf 25 bis 30 cm untergepflügt, wohingegen sie im Mulchsystem auf maximal 17 cm Bodentiefe eingearbeitet wurden. In beiden Systemen wurden jeweils randomisiert 12 Parzellen angelegt, in denen die drei Herbizidstrategien mit vierfacher Wiederholung angewendet wurden.

Tabelle 1: Boden- und Witterungsparameter zur Charakterisierung der Umwelten 2008 und 2009. Die Bodenparameter sind für die Bodenbearbeitungssysteme (Pflugsystem = P und Mulchsystem = M) differenziert, die Witterungsparameter für die gesamte Versuchsfläche im Zeitraum vom Tag der ersten Herbizidapplikation bis zum Jahresende (31.12.2008/2009) aufgeführt.

Umwelt	Bodenparameter (Ap-Horizont)						Witterungsparameter				
	Bodenart		C_{org}		pH		Niederschlag[1]	Temperatur[2]	Globalstrahlung[2]	Windstärke[2]	rel. Luftfeuchtigkeit[2]
	P	M	P	M	P	M	(mm)	(°C)	(kJ m^{-2} d^{-1})	(m s^{-1})	(%)
2008											
Bornitz	Ut3	Ut3	1,8	1,8	6,5	6,5	616	9,8	4100	2,5	76,1
Gnodstadt	Ut4	Ut4	1,0	1,0	6,9	6,9	367	12,2	5089	1,6	76,5
Göllheim	Tu4	Tu4	1,3	1,5	7,3	7,2	260	12,8	4972	2,5	75,2
Hemmingen	Ut3	Ut3	1,2	1,2	7,0	6,8	489	12,5	5038	2,3	73,6
Kerpen-Buir	Ut3	Ut3	0,8	0,9	6,4	6,8	562	12,8	4601	2,4	70,9
Lamme	Ls4	Ls4	1,5	1,5	7,0	7,0	334	12,4	4778	2,3	76,7
Natendorf	Uls	Uls	1,1	1,1	6,6	6,6	431	11,9	4760	1,9	80,2
Nauendorf	Ut4	Ut4	1,8	1,8	7,0	7,0	345	12,6	4952	1,5	73,7
Niedernjesa	Ut3	Ut3	1,0	1,2	6,1	6,2	371	11,9	4551	2,2	78,4
2009											
Gnodstadt	Ut4	Ut4	1,2	1,3	6,8	6,6	611	12,5	5183	1,6	77,4
Göllheim	Ut4	Ut4	2,2	2,4	7,4	7,4	472	13,1	5472	2,7	75,0
Harste	Ut3	Ut3	1,8	1,8	7,1	7,2	481	11,8	4756	2,3	79,2
Hemmingen	Ut3	Ut3	1,3	1,6	7,2	7,2	699	13,1	5581	2,4	74,3
Kerpen-Buir	Ut3	Ut3	0,9	1,0	6,7	6,6	516	13,2	5127	2,3	75,4
Krimmitzschen	Lu	Lu	2,4	2,7	7,0	6,8	545	12,3	4854	2,6	76,2
Nauendorf	Ut4	Ut4	1,5	1,3	6,8	7,1	510	12,7	5012	1,8	73,4
Niedernjesa	Ut3	Ut3	1,2	1,3	6,8	6,7	481	11,8	4769	2,3	79,2
Ölper	Slu	Slu	1,4	1,6	6,6	6,7	486	12,7	5220	2,4	75,3
Reutershof	Ls3	Ls3	1,6	1,4	6,3	6,1	393	11,7	5310	2,8	76,9

[1] Summe
[2] Mittelwert

Die Herbizidstrategien setzten sich wie folgt zusammen: Herbizidstrategie 1 beinhaltete die Herbizide Goltix 700 SC und Betanal Expert bzw. vier Wirkstoffe (Desmedipham, Ethofumesat, Metamitron und Phenmedipham) mit 100 % der zugelassenen Aufwandmenge. Zu dieser Zusammensetzung wurde für Herbizidstrategie 2 das Herbizid Rebell mit den Wirkstoffen Chloridazon und Quinmerac hinzugefügt. Alle sechs Wirkstoffe wurden mit weniger als 50 % der zugelassenen Aufwandmenge appliziert. Herbizidstrategie 3 als Minimengenstrategie umfasste neben den drei erwähnten Herbiziden zusätzlich Spectrum, Debut und Lontrel 100 bzw. die Wirkstoffe Dimethenamid P, Triflusulfuron und Clopyralid. Der Begriff Minimengenstrategie bezeichnet die stark reduzierten Aufwandmengen, die ≤ 35 % der zugelassenen Aufwandmenge betrugen. Detaillierte Angaben zu den Herbizidstrategien können unter anderem aus der Tabelle 2 (Table 2) in Kapitel 4 entnommen werden. Die Applikation der Herbizide erfolgte zu drei Terminen im Nachauflaufverfahren jeweils im Keimblattstadium (NAK) der Unkräuter. Die physikalisch-chemischen Eigenschaften der eingesetzten Wirkstoffe sind in Tabelle 2 zusammengefasst.

Tabelle 2: Physikalisch-chemische Eigenschaften der in den Herbizidstrategien eingesetzten Wirkstoffe sowie Effektkonzentrationen (akute Toxizität - LC_{50}) für den bodenfaunistischen Indikator Regenwurm (EU - Footprint Datenbank).

Wirkstoff	Wasserlöslichkeit	Verteilungs-koeffizient (K_{OC})	Halbwertzeit im Freiland (DT_{50})	Effektkonzentration (LC_{50})
	($mg\ L^{-1}$)	($mL\ g^{-1}$)	(d)	($mg\ kg^{-1}$)
Chloridazon	422	120	34,7	> 1000
Clopyralid	143000	5	11	> 1000
Desmedipham	7	10542	8	79
Dimethenamid-P	1450	227	7	294,4
Ethofumesat	50	187	56	134
Metamitron	1770	86	11,1	914
Phenmedipham	1,8	888	18	36
Quinmerac	107000	86	9,8	> 1000
Triflusulfuron-methyl	260	58	5	> 1000

Modellierung

FOCUS PEARL (PEARL - Pesticide Emission Assessment at Regional and Local scales) ist ein im europäischen Zulassungsverfahren von PSM zur Anwendung kommendes numerisches Grundwassermodell und stammt aus der FOCUS-Gruppe (FOCUS: Forum for Co-ordination of pesticide fate models and their USe) (FOCUS, 2001). Es wurde nach Rücksprache mit den beteiligten Pflanzenschutzmittelunternehmen als ein geeignetes Modell (Version 3.3.3) zur Modellierung der Wirkstoffverlagerung im Bodenprofil herangezogen.

Die Modellierung erfolgte für jeden der neun Wirkstoffe separat. Jedes Pflanzenschutzmittelunternehmen führte die Modellierung für seinen Wirkstoff getrennt nach Pflug- und Mulchsystem und Herbizidstrategien durch. Korrespondierende Metabolite wurden durch die Modellierung nicht erfasst.

Das Modellkonzept ermöglicht es, Aussagen zu Wirkstoffkonzentrationen im Bodenprofil als Zielvariable unter der Berücksichtigung bestimmter Einflussgrößen (Wirkstoffeigenschaften, Umweltdaten, Kultivierungs- und Kulturdaten) zu treffen. Dabei bezieht sich das Modellkonzept auf den konvektiv-dispersiven Transport und den zeitlichen Abbau der herbiziden Rückstände nach Reaktionskinetik erster Ordnung in Abhängigkeit von der vorherrschenden Bodentemperatur und -feuchte. Als Sorptionsisotherme wurde die Freundlich-Adsorption (mit K_f als Freundlich-Adsorptionskoeffizient; Freundlich 1909) verwendet. Da die herbiziden Wirkstoffe vorrangig an der organischen Substanz adsorbieren, wurde der K_f auf den organischen Kohlenstoffgehalt normiert (Verteilungskoeffizient K_{OC}). Das Modell bildete einen flächenhaften Eintrag der Wirkstoffe bis zu einer Bodentiefe von 1 m in einem täglichen Zeitraster vom Tag der ersten Herbizidapplikation bis zum Jahresende ab. Die Wirkstoffkonzentrationen sind für die Bodentiefen von 0-0,01; 0,01-0,025 und 0,025-0,1 m dargestellt, da der dort vorhandene Wirkstoffanteil fast 100 % betrug.

Zur Modellierung realistischer Expositionsbedingungen wurden die an 19 Umwelten in den Jahren 2008 und 2009 erhobenen bodenkundlichen Kenndaten (Bodentextur, organischer Kohlenstoffgehalt und pH-Wert) und die von nahe liegenden Wetterstationen erhaltenen Witterungsparameter (Niederschlag, Lufttemperatur, Globalstrahlung, Windstärke und Luftfeuchtigkeit) verwendet. Weiterhin wurde anhand des bonitierten Deckungsgrades der Zuckerrüben für jede Umwelt ein im Modell berücksichtigter Interzeptionswert ermittelt. Die potentielle Evapotranspiration, als Summe von Transpiration und Evaporation, wird vom Modell entsprechend einer Standard-Wachstumskurve für Zuckerrüben anhand von hydraulischen und witterungstechnischen Parametern modelliert.

Risikoabschätzung

Auf Basis der modellierten Wirkstoffkonzentrationen wurde zur besseren Vergleichbarkeit der Herbizidbelastung über die verschiedenen Umwelten die Toxische Einheit (toxic unit- TU; Sprague, 1970) als ökotoxikologische Bewertungsgröße verwendet. Um die Ergebnisse der Freilandversuche und modellierten Wirkstoffverlagerung zu vergleichen, wurde zur Abschätzung des Risikos für die Bodenbiozönose der bodenfaunistische Indikator „Regenwurm" (Lumbricidae) gewählt, zumal für diesen bereits berechnungsrelevante Toxizitätsdaten(Standardtestorganismus ist die Regenwurmart *Eisenia fetida*) aus dem Zulassungsverfahren für PSM vorlagen.

Die TU bietet die Möglichkeit unter der Annahme einer Konzentrationsadditivität die Wirkstoffe strategiengebunden zu aggregieren (Berenbaum, 1985), um somit das ökologische Risiko bzw. die Ökotoxizität einer Wirkstoffkombination abzuschätzen (Liess et al., 2001; Pestemer et al., 2005). Dabei berechnet sich die TU aus dem Verhältnis der modellierten

Umweltkonzentration und der bekannten Effektkonzentration (LC_{50}) für den Standardtestorganismus (siehe Gleichung 1):

$$TU_{HSi} = \sum_{i=1}^{n} \frac{\max(C_i)}{EC_i} \quad (1)$$

Wobei

$TU_{(HSi)}$: maximale TU des *n*-ten Wirkstoffes einer Herbizidstrategie (HS_i) über die drei Bodentiefen zur Abschätzung des potenziell größten ökologischen Risikos.

max C_i: maximal modellierte Umweltkonzentration (µg kg^{-1} Boden) des Wirkstoffes *i* als Komponente von HS_i in der jeweiligen Umwelt und im entsprechenden Bodenbearbeitungssystem im Bodenprofil.

EC_i: Effektkonzentration (µg kg^{-1}) bei der 50 % der Testorganismen von *Eisenia fetida* im Labortest gegenüber dem Wirkstoff *i* eine Mortalität (akute Toxizität) aufwiesen.

Die ermittelten TUs wurden mit Hilfe bekannter Risikoeinstufungen (Sánchez-Bayo et al., 2002) verglichen. Ein hohes Risiko liegt dann vor, wenn der Quotient aus der Umweltkonzentration und Effektkonzentration eines Wirkstoffes ≥ 1 ist, ein mittleres Risiko liegt bei 0,1 und ein vernachlässigbares Risiko bei einem Wert < 0,01.

Ergebnisse

Die Unterschiede in den Wirkstoffkonzentrationen in den verschiedenen Bodenschichten waren zwischen den Bodenbearbeitungssystemen marginal. Beim Vergleich beider Bodenbearbeitungssysteme lag die Abweichung der Mittelwerte für die wirkstoffspezifischen Konzentrationen über die Umwelten unter 1 %, unabhängig von der Herbizidstrategie. Deshalb werden im Folgenden nur die Ergebnisse für das Mulchsystem aufgeführt. Eine Darstellung der Wirkstoffkonzentrationen für den gesamten Modellierungszeitraum gemittelt über alle Umwelten ist aufgrund der zeitlich versetzten Applikationstermine (Tabelle 3) nicht möglich, denn dies würde zu einem verzerrten Bild der tatsächlichen Konzentrationsmaxima führen. Die Wirkstoffkonzentrationen in den drei Herbizidstrategien und Bodentiefen im Zeitverlauf zeigt Abbildung 1 beispielhaft für die Umwelt Harste (2009).

Tabelle 3: Termine anbautechnischer Maßnahmen (Aussaattermin der Zuckerrüben und Applikationstermine der Herbizidstrategien) und Angaben zum phänologischen Entwicklungsstadium der Zuckerrüben für die Umwelten 2008 und 2009.

Umwelt	Aussaattermin	Applikationstermin und Entwicklungsstadium (BBCH)[1]					
		1. NAK[2]	BBCH	2. NAK[2]	BBCH	3. NAK[2]	BBCH
2008							
Bornitz	01. April	24. April	10	08. Mai	14	20. Mai	18
Gnodstadt	27. April	08. Mai	10	20. Mai	14	04. Juni	18
Göllheim	24. April	10. Mai	11	23. Mai	14	31. Mai	19
Hemmingen	27. April	08. Mai	10	16. Mai	12	10. Juni	18
Kerpen-Buir	21. April	05. Mai	10	13. Mai	12	28. Mai	18-19
Lamme	27. April	14. Mai	13	22. Mai	15	05. Juni	18-20
Natendorf	24. April	12. Mai	10	21. Mai	10	05. Juni	20
Nauendorf	22. April	09. Mai	11	20. Mai	12-14	03. Juni	16-18
Niedernjesa	23. April	14. Mai	11	27. Mai	14-16	10. Juni	18
2009							
Gnodstadt	04. April	15. April	10	27. April	12-14	19. Mai	14-16
Göllheim	20. März	14. April	k.A.	03. Mai	12	14. Mai	16
Harste	07. April	27. April	11	13. Mai	12	27. Mai	14
Hemmingen	03. April	15. April	10	27. April	13	19. Mai	16
Kerpen-Buir	10. April	24. April	10	09. Mai	13	19. Mai	17
Krimmitzschen	06. April	20. April	10	28. April	12	12. Mai	18
Nauendorf	07. April	26. April	12	12. Mai	14	26. Mai	14-16
Niedernjesa	06. April	27. April	11	12. Mai	14	25. Mai	14
Ölper	08. April	23. April	12	07. Mai	14	20. Mai	17
Reutershof	07. April	16. April	10	27. April	12	07. Mai	14

[1] BBCH-Code für Zuckerrüben (BBCH: **B**iologische Bundesanstalt für Land- und Forstwirtschaft, **B**undessortenamt und **CH**emische Industrie)
[2] NAK = Nachauflauf im Keimblatt der Unkräuter
k.A. = keine Angabe

Die Modellierungsergebnisse zeigen deutlich, dass zu den NAK-Terminen Konzentrationsmaxima in 0,01 und 0,025 m Bodentiefe auftraten (Abbildung 1). Neben den höchsten Wirkstoffkonzentrationen wurde vor allem in 0,01 m Bodentiefe eine Wirkstoffanreicherung mit steigender Anzahl der Herbizidapplikation festgestellt. Unmittelbar nach den Applikationen verringerten sich die Konzentrationen in 0,01 und 0,025 m Bodentiefe allerdings deutlich und gleichmäßig bis zum Jahresende. Die Wirkstoffkonzentrationen in 0,1 m Bodentiefe waren im Vergleich zur Bodenschicht von 0-0,025 m marginal. Ein geringer Konzentrationsanstieg lag zeitversetzt erst nach der letzten NAK vor. Die höchsten Wirkstoffanteile wurden strategienübergreifend in 0,01 und 0,025 m

Bodentiefe festgestellt (Abbildung 2). Dabei lagen die Anteile in 0,01 m Bodentiefe zwischen 66 % bis 69 % und in 0,025 m Bodentiefe zwischen 26 % bis 29 %. Nur ein geringer Anteil von < 5 % wurde in 0,1 m Bodentiefe ermittelt.

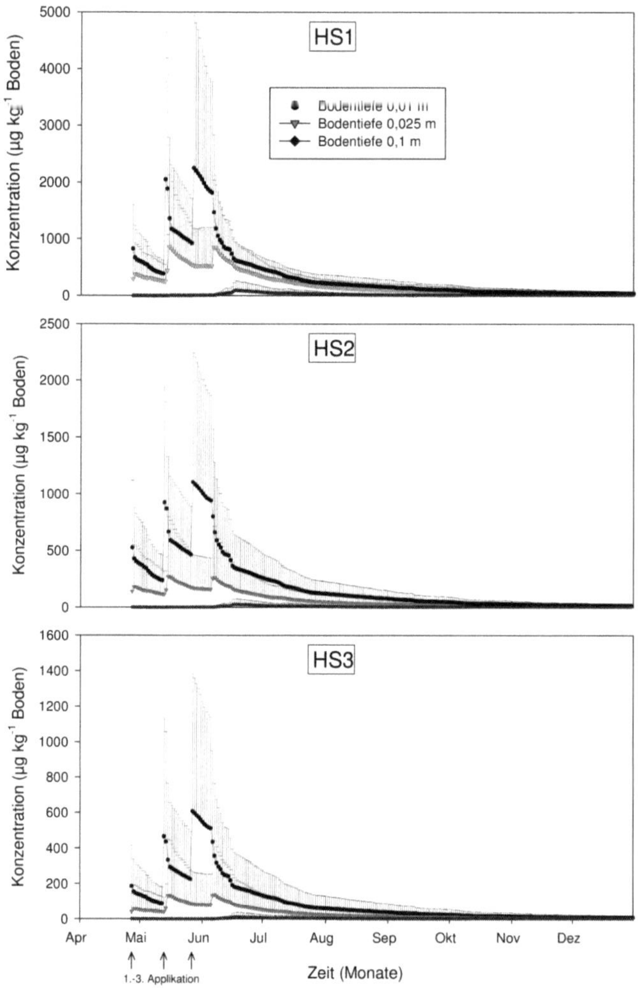

Abbildung 1: Gesamtkonzentration der Wirkstoffrückstände von Zuckerrübenherbiziden in verschiedenen Bodentiefen in Abhängigkeit von der Herbizidstrategie (HS) in täglicher Auflösung für den Zeitraum vom Tag der ersten Applikation (27.04.2009) bis zum 31.12.2009. Applikation im Mulchsystem an der Umwelt Harste. Mittelwert und Standardabweichung (HS1: n = 4; HS2: n = 6; HS3: n = 9) über die Wirkstoffkonzentrationen je Herbizidstrategie.

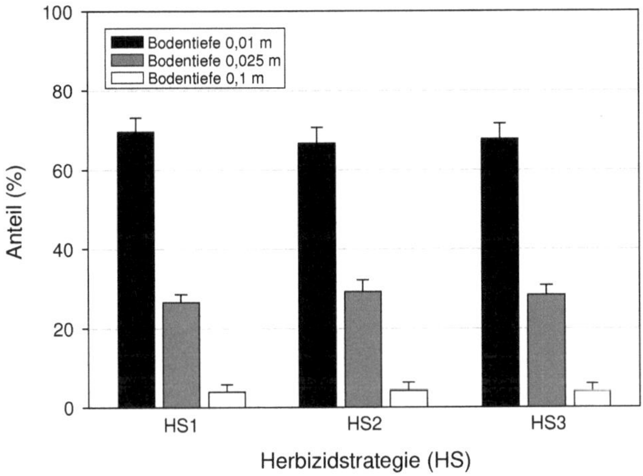

Abbildung 2: Anteile der Wirkstoffrückstände von Zuckerrübenherbiziden in verschiedenen Bodentiefen in Abhängigkeit von der Herbizidstrategie (HS). Applikation im Mulchsystem an neun Umwelten 2008 und zehn Umwelten 2009. Mittelwert und Standardabweichung (n = 19) über die Umwelten.

Zwischen den Herbizidstrategien wurden keine größeren Unterschiede im Verlagerungsverhalten einzelner Wirkstoffe festgestellt (Abbildung 3). Trotz unterschiedlicher Aufwandmengen wurden relativ ähnliche Wirkstoffanteile über die Bodentiefen modelliert. Demgegenüber wurden jedoch wirkstoffspezifische Verlagerungstrends festgestellt. Dabei wies Desmedipham über alle Umwelten und Herbizidstrategien mit über 95 % der Wirkstoffrückstände in 0,01 m Bodentiefen die geringste Tiefenverlagerung auf. Alle weiteren Wirkstoffe wiesen mit einem Anteil von mindestens 50 % in 0,01 m Bodentiefe ebenfalls ein geringes Verlagerungsverhalten in tiefere Bodenschichten auf. Insgesamt wurden 90 % der Wirkstoffmenge in 0-0,025 m Bodentiefe gefunden.

Die TU erreichte maximale Werte an den drei Applikationsterminen, die sich im Mittel über die Umwelten jeweils analog zu den Aufwandmengen der Herbizidstrategien verringerten (Abbildung 4). Die maximalen Werte lagen mehr als eine Größenordnung unter dem Schwellenwert von 1. Im Vergleich zur 1. NAK wies die TU für jede Herbizidstrategie am Tag der 2. NAK höhere Werte auf. Ein vergleichbarer Anstieg wurde von der 2. zur 3. NAK nicht festgestellt.

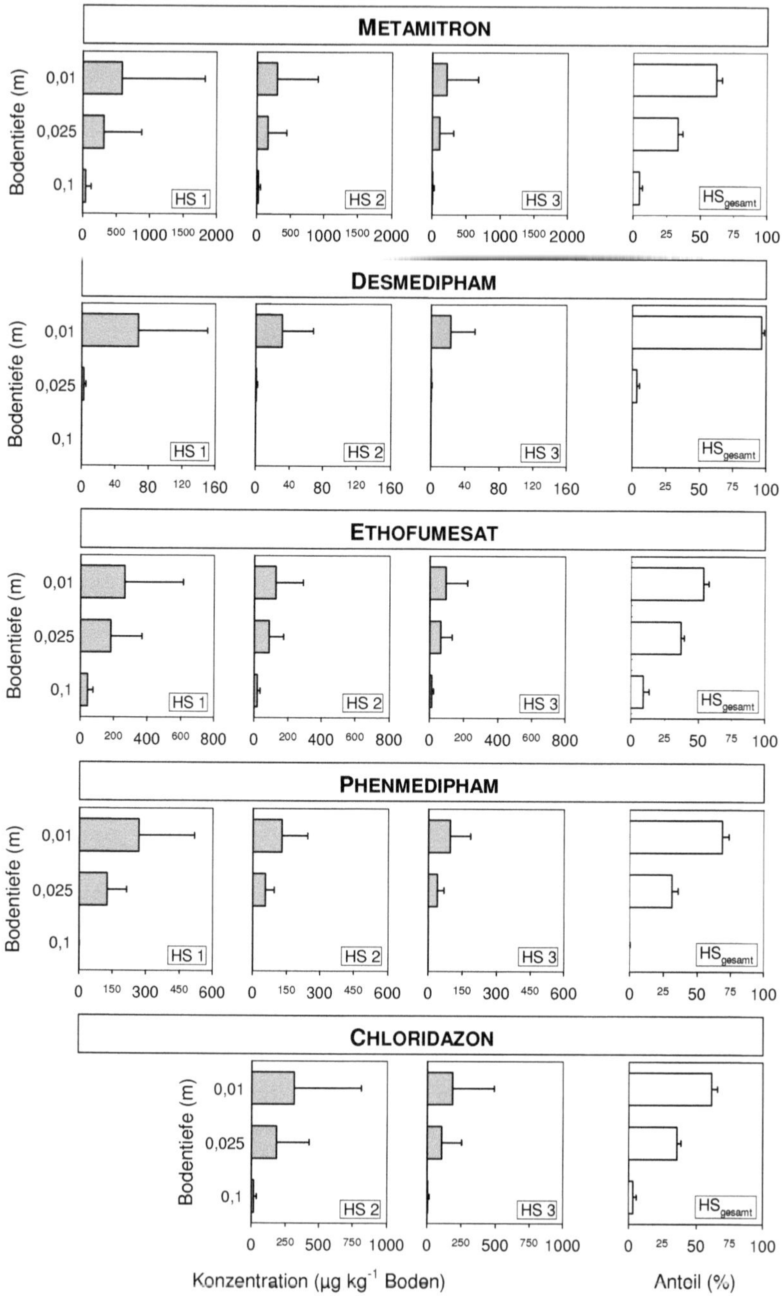
METAMITRON
DESMEDIPHAM
ETHOFUMESAT
PHENMEDIPHAM
CHLORIDAZON
Bodentiefe (m)
0,01
0,025
0,1
HS 1
HS 2
HS 3
HSgesamt
Konzentration (µg kg⁻¹ Boden)
Anteil (%)

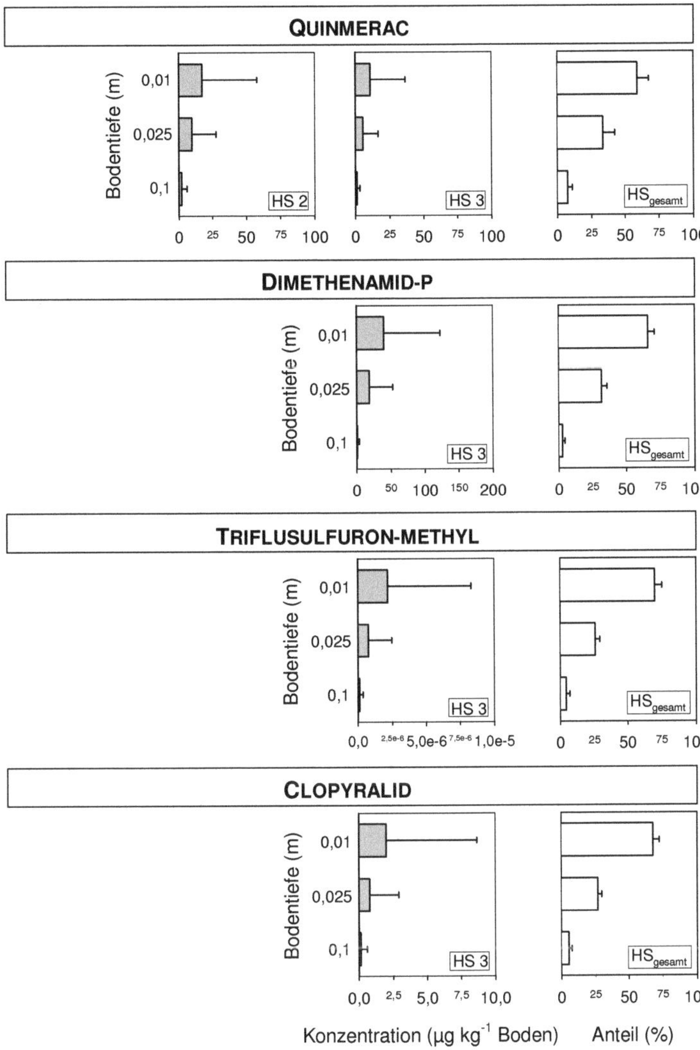

Abbildung 3: Wirkstoffkonzentrationen von Zuckerrübenherbiziden in verschiedenen Bodentiefen in Abhängigkeit vom Wirkstoff und von der Herbizidstrategie (HS) (graue Balken) sowie Anteil der Wirkstoffrückstände im Mittel der Herbizidstrategien (weiße Balken). Applikation im Mulchsystem an neun Umwelten 2008 und zehn Umwelten 2009. Mittelwert und Standardabweichung (n = 231 - 262 (graue Balken) und n = 693 - 786 (weiße Balken)) über die Umwelten.

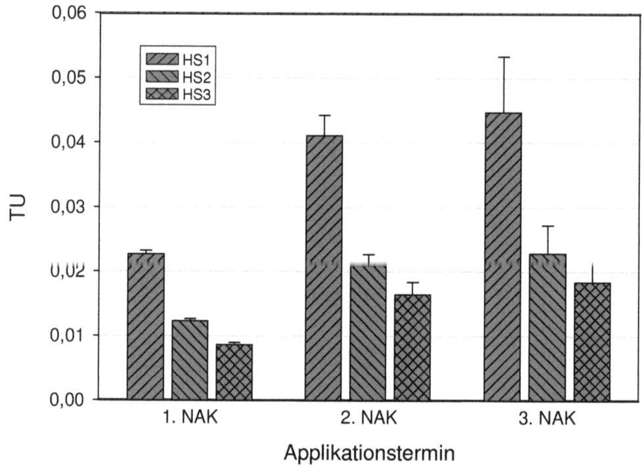

Abbildung 4: Toxische Einheit (toxic unit - TU) von Zuckerrübenherbiziden in Abhängigkeit von der Herbizidstrategie (HS) und dem Applikationstermin (1.-3. NAK - Nachauflauf im Keimblatt der Unkräuter). Applikation im Mulchsystem an neun Umwelten 2008 und zehn Umwelten 2009. Mittelwert und Standardabweichung (n = 19) über die Umwelten.

Diskussion

Einfluss der Umwelt auf die Wirkstoffverlagerung im Boden

Trotz der großen Variation zwischen den Umwelten hinsichtlich Witterung und Bodeneigenschaften traten strategienbezogen nur geringe Unterschiede zwischen den Wirkstoffanteilen in den untersuchten Bodentiefen auf, was an den niedrigen Standardabweichungen ersichtlich wird (siehe Abbildung 2). Die Anteile wurden über den gesamten Modellierungszeitraum ermittelt. Dennoch können kurzfristig auftretende Witterungsereignisse, vor allem Niederschläge und Temperaturschwankungen, die sich umweltbedingt in Höhe, Intensität und im Zeitpunkt unterschieden, einen wesentlichen Einfluss auf die Verlagerung und den Abbau von PSM ausüben (Hurle, 1982). So kann der Faktor Niederschlag nach Otto et al. (1996) sowie Düring und Hummel (1999) den Einfluss der Bodenbearbeitung übersteigen. Da die Geschwindigkeit des biotischen und abiotischen Abbaus stark von der Temperatur abhängig ist, kommt auch ihr eine Schlüsselrolle beim Wirkstoffverbleib im Boden zu (Haider und Schäffer, 2000). Dagegen gingen die Bodenparameter als Konstanten in das Modell ein. Die Streuung im Wirkstoffanteil kann von vielzähligen Bodenparametern beeinflusst worden sein. Eine besondere Bedeutung für den

Wirkstoffverbleib im Boden kommt der Bodentextur (Lennartz, 1999), dem C_{org}-Gehalt (Hance, 1980) und dem pH-Wert (Duffy et al., 1987; Walker 1989) zu. Dabei weisen schwere Böden eine ausgeprägtere Puffer- und Filterfunktion von PSM gegenüber leichten Böden auf, da diese eine schnellere vertikale Verlagerung erlauben. Die umweltbedingte Variation der Bodentextur ist auch in den vorliegenden Untersuchungen eine mögliche Streuungsursache. Im Gegensatz zur Bodentextur scheint der Einfluss anderer Bodenparameter auf die Modellierungsergebnisse schwerer interpretierbar. Der pH-Wert bestimmt maßgeblich das PSM-Verhalten im Boden. Angesichts der relativ geringen Spannweite der pH-Werte über die Umwelten von 6,8 ± 0,3 lässt sich der Verbleib der applizierten Wirkstoffe nicht eindeutig mit diesem Parameter in Verbindung bringen. Der C_{org}-Gehalt ist eine für das Modell wichtige Größe zur Berechnung des Freundlich-Adsorptionskoeffizienten und kann im Allgemeinen als bedeutendste Einflussgröße für die Sorption angesehen werden. Dabei bezeichnet Adsorption die Anlagerung an Bodenbestandteile, wodurch der Wirkstoff immobil wird und die Wirkstoffkonzentration in der Bodenlösung sinkt. Die Desorption ist der entgegengesetzte Prozess und führt dazu, dass der angelagerte Wirkstoff durch Freisetzung dem Stofffluss zurückgeführt wird. Die über alle Umwelten gemittelten C_{org}-Gehalte lagen im Bereich von 1,4 ± 0,4 %. Aufgrund des deutlichen Zusammenhanges zwischen dem C_{org}-Gehalt und dem Wirkstoffverbleib im Boden, scheint diesem Bodenparameter eine besondere Bedeutung zuzukommen.

Einfluss der Bodenbearbeitung auf die Wirkstoffverlagerung im Boden

Die Bodenbearbeitung wirkte sich nicht unterschiedlich auf die Wirkstoffkonzentrationen in den untersuchten Bodentiefen aus. Ein eindeutiger Einfluss der Bodenbearbeitung kam im Modell nicht zum Tragen. Das kann dadurch erklärt werden, dass die Bodenbearbeitung nicht innerhalb des Modellierungszeitraumes stattfand und sich die verlagerungsrelevanten Bodeneigenschaften in beiden Bodenbearbeitungssystemen mit dem zeitlichen Abstand wieder einander anglichen.

Für den pH-Wert wurde über alle Umwelten ein identischer Wert von 6,8 ± 0,3 sowohl für das Pflug- als auch Mulchsystem ermittelt. Beim Vergleich der C_{org}-Gehalte beider Bodenbearbeitungssysteme über die Umwelten stellte sich ein Unterschied im Mittel von 0,1 % heraus, wobei in zehn Umwelten höhere C_{org}-Gehalte im Mulchsystem vorlagen. Untersuchungen von Marwitz et al. (siehe Kapitel 4) im gleichen Projekt stellten eine signifikante Korrelation der biologischen Aktivität des Edaphons mit zunehmendem C_{org}-

Gehalt im Mulchsystem fest. Das zeigt, dass auch geringe Unterschiede im C_{org}-Gehalt zu Effekten führen können, wenngleich diese durch das Modell nicht näher berücksichtigt werden. Unter der Annahme einer Abbaukinetik erster Ordnung für beide Bodenbearbeitungssysteme dient der C_{org}-Gehalt demnach nur als Einflussgröße für die Sorption. Auch wenn die Höhe der ermittelten C_{org}-Gehalte nicht im engen Zusammenhang mit der Adsorption steht (Calvet, 1980; Lennartz, 1999), ist anzunehmen, dass die höhere biologische Aktivität im Mulchsystem gegenüber dem Pflugsystem realiter einen schnelleren Wirkstoffabbau begünstigt hat (Bucher-Pekrun, 1997; Lütke Entrup et al., 2002).

Einfluss der Herbizidstrategien und der Wirkstoffeigenschaften auf die Wirkstoffverlagerung im Boden

Zwar wurden Spuren wirkstoffspezifischer Rückstände bis 0,1 m Bodentiefe modelliert, der bei weitem größte Anteil der in den Herbizidstrategien angewandten Wirkstoffe wurde allerdings in einer Bodentiefe bis 0,025 m vorgefunden. Trotz umweltbezogen variierender Bodeneigenschaften (vor allem in der Bodentextur, siehe oben) und Witterungsbedingungen (vor allem die Höhe der Niederschläge und Temperaturen) wurden für alle Wirkstoffe in der genannten Bodentiefe über 90 % der Wirkstoffrückstände festgestellt. Jedoch traten wirkstoffspezifisch abweichende Konzentrationsverteilungen in den Bodentiefen auf. Der Umfang von Wirkstoffverlagerung und -abbau hängt dabei stark von den physikalisch-chemischen Wirkstoffeigenschaften, Interaktionen mit Bodenprozessen und den Witterungsbedingungen ab (Carter, 2000).

Die hohe Standardabweichung der täglich berechneten Wirkstoffkonzentrationen je Herbizidstrategie ist auf die unterschiedlichen Wirkstoffmengen im Gemisch zurückzuführen. Die Wirkstoffanteile in den Herbiziden lagen im Bereich < 1 bis 75 %. Es ist davon auszugehen, dass die Höhe der Wirkstoffrückstände durch die Höhe der Aufwandmenge bestimmt wird (Hurle, 1982). Darüber hinaus übt die Halbwertszeit (DT_{50}) der einzelnen Wirkstoffe einen Einfluss auf die Ausprägung der Abweichung über die Zeit aus und erlaubt Rückschlüsse auf deren Abbauverhalten (chemische Transformation). Bei Betrachtung der DT_{50}-Werten können alle Wirkstoffe als gering bis mäßig persistent eingestuft werden (Schinkel, 1985).

Die hohen Anteile der Wirkstoffrückstände in den oberen 0,025 m Bodentiefe sind hauptsächlich auf das wirkstoffspezifische Adsorptionspotential zurückzuführen, wobei die Affinität von gering (K_{oc} < 50) bis stark adsorbierend (K_{oc} > 200) reicht (Anonym, 2005).

Zwar wiesen alle Wirkstoffe ein relativ einheitliches Verlagerungsmuster auf, doch entsprechend des Adsorptionskoeffizienten wurde vor allem für Desmedipham mit über 90 % die höchste Anreicherung in der obersten Bodenschicht festgestellt. Durch Adsorption wird der Abbau von Wirkstoffen verringert, wohingegen Wirkstoffe die ein geringeres Adsorptionspotential aufweisen zu einem schnelleren Abbau neigen (Hurle, 1982). Durch die adsorptionsbedingte verringerte Verfügbarkeit eines Wirkstoffes wird der mikrobielle Abbau herabgesetzt (Karpouzas und Walker, 2000), da Mikroorganismen nur gelöste organische Substanzen bis zu einer gewissen molaren Masse leicht aufnehmen und abbauen können (Haider, 1999). Zudem weist Desmedipham eine sehr geringe Wasserlöslichkeit auf, was die Frage aufwirft, warum der Wirkstoff verglichen mit den anderen eine ähnlich kurze Verweilzeit im Boden aufwies. Eine Antwort bietet der geringe DT_{50}-Wert von 8 Tagen, der in Abhängigkeit der Verlagerungstiefe vor allem von chemischen Transformationsprozessen (z. B. Photolyse) geprägt ist.

Trotz des hohen Wirkstoffanteils bis 0,025 m Bodentiefe verringerten sich die Konzentrationen wirkstoff- und strategienunabhängig kontinuierlich im Modellierungszeitraum. Wie bereits beschrieben, ist nach Hurle (1982) die Wirkstoffkonzentration im Boden primär von der Aufwandmenge abhängig. Beim Vergleich der in allen Herbizidstrategien enthaltenen vier Wirkstoffe zeigte sich daher, dass die Wirkstoffkonzentrationen in Herbizidstrategie 1 mit 100 % der zugelassenen Aufwandmenge über die Bodentiefe die höchsten Werte aufwiesen. Unterschiedliche Verlagerungsmuster in Abhängigkeit von der Aufwandmenge ließen sich nicht feststellen, denn die Wirkstoffanteile im Mittel der Herbizidstrategien waren in den Bodentiefen weitestgehend identisch. Dennoch ist davon auszugehen, dass die Leistung von Mikroorganismen beim Wirkstoffabbau durch hohe Aufwandmengen gehemmt werden kann (Hurle, 1982; Bucher-Pekrun, 1997).

Die Interpretation der Ergebnisse macht deutlich, dass viele Faktoren das Wirkstoffverhalten im Boden beeinflussen und eine Vorhersage bei starker Interaktion nicht immer eindeutig sein muss.

Risikoabschätzung der Herbizidstrategien

Zum Zeitpunkt der jeweiligen Herbizidapplikation lagen die höchsten Konzentrationen und somit die höchsten Ökotoxizitäten im Boden vor. Die TUs wiesen über die drei Herbizidstrategien einen maximalen Wert von rund 0,058 auf und lagen somit weit unter dem Schwellenwert von 1. Trotz der Annahme einer Konzentrationsadditivität der strategiengebundenen Wirkstoffe, führte die höchste Wirkstoffanzahl in Kombination mit den geringsten Aufwandmengen in Herbizidstrategie 3 (Minimengenstrategie) zu keinem höheren Risiko verglichen mit Herbizidstrategie 1 und 2. Vielmehr führte Herbizidstrategie 3, basierend auf den stark reduzierten Aufwandmengen, zu den geringsten Wirkstoffrückständen im Boden und zum rechnerisch geringsten ökologischen Risiko für den Indikator Regenwurm. Studien, die Effekte von Pflanzenschutzintensitäten im Zusammenhang mit der Gewässerbelastung untersuchten, zeigten, dass geringe PSM-Aufwandmengen zu niedrigen PSM-Konzentrationen und verringerten Ökotoxizitäten in Gewässern führen (Kreuger, 1998; Kreuger und Törnqvist, 1998; Hunt et al., 2006).

Unterschiede im ökologischen Risiko zwischen den Herbizidstrategien traten nicht nur unmittelbar zu den Applikationszeitpunkten auf, sondern wurden auch über die NAK-Termine festgestellt. Die 2. Applikation führte zu einer Erhöhung des sehr geringen ökologischen Risikos bei allen drei Herbizidstrategien. Vermutlich war der zeitliche Abstand zwischen den Applikationsterminen zu gering, als dass die Wirkstoffe schnell abgebaut werden oder sich in die Tiefe verteilen konnten. Der daraus resultierende Konzentrationsanstieg in 0,01 m Bodentiefe wirkte sich entsprechend auf die TU aus. Für einen schnellen biologischen Abbau benötigen die beteiligten Mikroorganismen eine gewisse Adaptionszeit für den jeweiligen Wirkstoff (Hurle, 1982), welche jedoch durch das Modell nicht berücksichtigt wurde. Eine Erhöhung der TU ließ sich allerdings nur für den Zeitraum zwischen den ersten beiden Applikationsterminen beobachten. Der geringe Unterschied zwischen zweiter und dritter Herbizidapplikation findet seine Erklärung im Zeitabstand zwischen den Applikationsterminen. Der Zeitabstand zwischen der ersten und zweiten Applikation betrug im Mittel über die Umwelten 13 Tage, wohingegen die dritte Applikation durchschnittlich erst 15 Tage nach der zweiten Applikation durchgeführt wurde. Das um 2 Tage größere Zeitfenster führte dazu, dass die Wirkstoffkonzentrationen gemäß des Modells bis zur 3. NAK stärker durch Abbau reduziert wurden und sich in die Tiefe verteilen konnten. Zudem kamen mit zunehmender Verweildauer der Wirkstoffe im Boden spezifische Umwelteigenschaften (vor allem Temperatur- und Niederschlagsunterschiede) stärker zum Tragen, woraus ein Anstieg der Standardabweichungen der TUs resultierte.

Ein geringes ökologisches Risiko der präsentierten Herbizidstrategien wurde auch von Gutsche et al. (2011) beschrieben. Basierend auf dem Simulationsmodell SYNOPS (Synoptisches Bewertungsmodell für Pflanzenschutzmittel, Gutsche und Strassemeyer, 2007) wurden die Auswirkungen der aufgeführten Herbizidstrategien auf Indikatoren (Regenwürmer,

Algen, Wasserflöhe und Fische sowie Honigbienen) von drei Nichtzielkompartimenten (Boden, Oberflächengewässer und Saumbiotope) im gleichen Projekt quantitativ erfasst. Das Modell schloss unter Worst-Case-Randbedingungen umfangreiche Faktoren der 19 Umwelten (z. B. Bodeneigenschaften und topographische Bedingungen) sowie anbau- und applikationstechnische Maßnahmen (z. B. Bodenbearbeitung, herbizidabhängige Abstandsauflagen, Deckungsgrad der Zuckerrüben) mit ein. Bezogen auf das Kompartiment Boden berücksichtigt das Modell eine Wirkstoffverfrachtung bis 0,25 m Bodentiefe. Damit wurde genau die Bodentiefe in SYNOPS berücksichtigt, die gemäß den hier präsentierten Modellierungsergebnissen den Großteil der ausgebrachten Wirkstoffe aufwies. Die durch SYNOPS errechneten Risikoindizes für die betrachteten Indikatoren lagen allesamt unter dem Schwellenwert von 1, bei dem ein Effekt bei 50 % der jeweiligen untersuchten Indikatororganismen zu vermuten wäre.

Bereits Tzilivakis et al. (2005) untersuchten in Großbritannien die Ökotoxizität der eingesetzten PSM in verschiedenen Zuckerrübenanbauverfahren gegenüber anderen Kulturen. Zur Anwendung kam das Simulationsmodell p-EMA (Environmental Management Agriculture Software Package, Brown et al., 2003). Ähnlich wie beim Modell SYNOPS wurden die PSM-Effekte auf verschiedene Indikatoren und deren Habitate bewertet. Anhand einer aufsummierten indikatorspezifische Punktbewertung für die Intensität der Effekte konnte den im britischen Zuckerrübenanbau zur Anwendung kommenden PSM ebenfalls ein geringes ökologisches Risiko beigemessen werden.

Schlussfolgerung

Durch diese Arbeit wurden das Verlagerungsverhalten und das ökologische Risiko praxisrelevanter Herbizidstrategien im Zuckerrübenanbau untersucht. Auf Grundlage der Risikoabschätzung kann festgehalten werden, dass die Anwendung der unterschiedlichen Herbizidstrategien im Zuckerrübenanbau kein nennenswertes Risiko für das Bodenökosystem mit sich bringt. Die Modellierungsergebnisse zeigten, dass eine Gefährdung des Grundwassers aufgrund der hohen Wirkstoffrückstände in der oberen Bodenschicht von 0,025 m als sehr gering eingestuft werden kann. Zur Abschätzung des Risikos von herbiziden Einträgen in Oberflächengewässer müssen die hohen Wirkstoffkonzentrationen in dieser Bodentiefe differenziert hinterfragt werden. Ein erhöhtes Gefährdungspotential ist vor allem dann gegeben, wenn die Regenerosivität, Bodenerodierbarkeit und die Hangneigung und -

länge hoch sind (Auerswald et al., 1988) und die Bodenbearbeitung in Gefällerichtung erfolgt (Haider, 1997). Die positive Wirkung der Bodenbedeckung durch Ernterückstände der Zwischenfrucht und die auf der geringeren Bodenbearbeitungsintensität basierende erhöhte Infiltrationsrate tragen dazu bei, dass dem lateralen Wirkstoffaustragsrisiko im Mulchsystem verglichen mit dem Pflugsystem eine eher untergeordnete Bedeutung zuteil wird (Wegener 2001; Franzluebbers, 2002; Koch et al., 2003; Erlach et al., 2004). Das Pflügen ist das weitverbreitetste Verfahren der Bodenbearbeitung und wird vor allem auf schweren Böden und als phytosanitäre Maßnahme gegen Unkräuter und Erreger von Pflanzenkrankheiten eingesetzt. Trotz zunehmender Anwendung der konservierenden Bodenbearbeitung kommt der konventionellen Bodenbearbeitung (Einsatz des Pfluges mit oder ohne Zwischenfrucht) mit einem Anteil von 55 % (Buhre et al., 2011a) die größte Bedeutung im Zuckerrübenanbau in Deutschland zu. Das Fehlen einer Mulchauflage führt jedoch zu einem erhöhten Oberflächenabfluss und somit zu einer potentiell höheren Gefahr der Bodenerosion und des Wirkstoffaustrages (Holland, 2004). Um die damit einhergehenden Gefahren zu minimieren, ist die Durchführung der Bodenbearbeitung nach den Grundsätzen der guten fachlichen Praxis im Sinne des Bodenschutzgesetzes (§ 17) von entscheidender Bedeutung (BBodSchG, 1998). Zu den Erosionsschutzmaßnahmen zählen unter anderem die Vermeidung von hangabwärts gerichteten Fahrspuren und infiltrationshemmender Bodenverdichtung, die Minimierung der Zeitspanne ohne Bodenbedeckung sowie die Durchführung der Bodenbearbeitung unter Berücksichtigung der Witterungsverhältnisse.

Einschränkend muss bezüglich des Modellierungsansatzes angemerkt werden, dass wichtige Einflüsse der Bodenbearbeitung nicht erfasst wurden. Zu den charakteristischen Unterschieden zwischen den Bodenbearbeitungssystemen, die zu einer entscheidenden Veränderung des Wirkstoffverbleibs führen können, zählen insbesondere Bodenverdichtungen, die Einarbeitungstiefe der Zwischenfrucht und die daraus resultierende Streuauflage sowie der Makroporenfluss als vertikaler Transportvorgang. Hierzu erlauben die Modellierungsergebnisse keine Aussage.

Trotz alledem sollte nicht unerwähnt bleiben, dass die Ergebnisse, zwar unter Berücksichtigung realitätsnaher Daten ermittelt wurden, aber auf einem Modell basieren. In einem Modell wird die komplexe Realität nur durch vereinfachte Annahmen abgebildet, weshalb Ergebnisse mit einer entsprechenden Differenziertheit zu interpretieren sind. Wichtige Einflussgrößen wurden im Modell nicht berücksichtigt. Dazu zählen vor allem eine mögliche Kombinationswirkung der Wirkstoffe auf deren Verlagerungsverhalten im Boden, bodenbiologische (Vielfalt und Abundanz des Edaphons) und bodenbürtige Diskrepanzen zwischen den Bodenbearbeitungssystemen (hier sind vor allem die Streuauflage und der Makroporenfluss als Einflussfaktoren zu nennen).

Die vernachlässigbar geringen Effektunterschiede zwischen den Herbizidstrategien bezogen auf die Ökosystemstruktur und -funktion, hervorgehend aus Freilandversuchen auf den gleichen Versuchsflächen (Marwitz et al., 2012; Marwitz et al., siehe Kapitel 4), werden durch die Risikoabschätzung jedoch bekräftigt. Dadurch wird außerdem die Validität des methodischen Ansatzes und der Ergebnisse unterstrichen.

Die Ergebnisse der Risikoabschätzung beruhen auf Annahmen und berechneten Werten, eine Interpretation ist daher immer mit einer gewissen Unsicherheit verbunden. So wurden PSM-Effekte auf die aquatische Invertebratengemeinschaft auch unterhalb von vermuteten Schwellenwerten nachgewiesen (Knäbel et al., 2012; Schäfer et al., 2012).

Mit Blick auf den „Nationalen Aktionsplan zur nachhaltigen Anwendung von Pflanzenschutzmitteln“ wurde das Ziel einer ökologischen Risikominderung von 25 % bis 2020 (BMELV, 2008) in den letzten Jahren oftmals erreicht (Gutsche, 2012). Ob es sich nur um einen vorübergehenden Trend handelt oder auf lange Sicht eine Risikominderung vorliegt, bleibt abzuwarten. Auch wenn die Umweltrisiken der untersuchten Herbizidstrategien theoretischer Natur sind, trägt insbesondere die Anwendung der Minimengenstrategie dazu bei, diesem Minderungsziel nachzukommen.

Literatur

Andreini, M.S. und T.S. Steenhuis, 1990. Preferential paths of flow under conventional and conservation tillage. Geoderma 46:85-102.

Anonym, 2005. Waste management series. Minimum requirements for the handling, classification and disposal of hazardous waste. Department of Water Affairs and Forestry Republic of South Africa. CTP Book Printers, Cape Town.

Auerswald, K., W. Flacke, L. Neufang, 1988. Räumliche differenzierende Berechnung großmaßstäblicher Erosionsprognosekarten - Modellgrundlagen der dABAG. Zeitschrift für Pflanzenernährung und Bodenkunde 151:369-373.

Autio, S., K. Siimes, P. Laitinen, S. Rämö, S. Oinonen, L. Eronen, 2004. Adsorption of sugar beet herbicides to Finnish soils. Chemosphere 55:215-226.

Bach, M., A. Huber, H.G. Frede, 2001. Modeling pesticide losses from diffuse sources in Germany. Water Science and Technology 44:189-196.

Berenbaum, M.C., 1985. The expected effect of combination of agents: the general solution. Journal of Theoretical Biology 114:413-31.

BBodSchG (Bundes-Bodenschutzgesetz), 1998. Gesetz zum Schutz vor schädlichen Bodenveränderungen und zur Sanierung von Altlasten (Bundes-Bodenschutzgesetz - BBodSchG). Bundes-Bodenschutzgesetz vom 17. März 1998 (BGBl. I S. 502), zuletzt geändert durch Artikel 5 Absatz 30 des Gesetzes vom 24. Februar 2012 (BGBl. I S. 212).

BMELV (Bundesministerium für Ernährung, Landwirtschaft und Verbraucherschutz), 2008. Nationaler Aktionsplan zur nachhaltigen Anwendung von Pflanzenschutzmitteln: Risikominderung im Pflanzenschutz - weniger Risiko - mehr Vertrauen. BMELV, Bonn.

BMELV (Bundesministerium für Ernährung, Landwirtschaft und Verbraucherschutz), 2010. Gute fachliche Praxis: Grundsätze für die Durchführung. BMELV, Bonn.

Brown, C.D, A. Hart, K.A. Lewis, I.G. Dubus, 2003. p-EMA (I): simulating the environmental fate of pesticides for a farm-level risk assessment system. Agronomie 23:67-74.

Brümmer, G.W., W. Pestemer, H. Dibbern, G. Welp, 1994. Verlagerungsvorgänge und ihre Modellierung. In: Deutsche Forschungsgemeinschaft, Hrsg. Ökotoxikologie von Pflanzenschutzmitteln. Verlag Chemie, Weinheim, 82-110.

Brunotte, J., 2007. Konservierende Bodenbearbeitung als Beitrag zur Minderung von Bodenschafverdichtungen, Bodenerosion, Run off und Mykotoxinbildung im Getreide. Landbauforschung Völkenrode, Sonderheft 305:1-164.

Buchanan, I., H.C. Liang, W. Khan, Z. Liu, R. Singh, K. Ikehata, P. Chelme-Ayala, 2009. Pesticides and Herbicides. Water Environment Research 81:1731-1816.

Bucher-Pekrun, S., 1997. Verlagerung, Sorption und Abbau von Pflanzenschutzmitteln in Boden-Monolithen und im Freiland. Dissertation. Shaker Verlag, Aachen.

Buhre, C., K. Bürcky, F. Schmitz, M. Schulte, E. Ladewig, 2011a. Umfrage zur Produktionstechnik im Zuckerrübenanbau - Sachstand und Trends (1994 - 2010). Zuckerindustrie 136:670-677.

Buhre, C., P. Fecke, F. Nelles, G. Schlinker, E. Ladewig, 2011b. Entwicklung im Pflanzenschutz in Zuckerrüben aus der Umfrage Produktionstechnik im Vergleich zur Erhebung NEPTUN. Zuckerindustrie 136:742-749.

Calvet, R., 1980. Adsorption-desorption phenomena. In: Hance, R.J., ed. Interactions between herbicides and soil. Academic Press, London, 1-30.

Carter, A.D., 2000. Herbicide movement in soils: principles, pathways and processes. Weed Research 40:113-122.

Diercks, R. und R. Heitefuss, 1994. Integrierter Pflanzenbau. Verlagsunion Agrar, München.

Duffy, M.J., M.K. Hanafey, D.M. Linn, M.H. Russell, C.J. Peter, 1987. Predicting sulfonylurea herbicide behaviour under field conditions. In: Proceedings of the 1987 British Crop Protection Conference - Weeds, 541-547.

Düring, R.-A. und H.E. Hummel, 1999. Herbicide and metabolite movement in different soils as studied by computer assisted microlysimeters. Chemosphere 39:641-654.

Erlach, F., F.-F. Gröblinghoff, N. Lütke Entrup, 2004. Gewässerbelastung lässt sich reduzieren. Landwirtschaft ohne Pflug 1:10-14.

EU (Europäische Union), 2000. Richtlinie 2000/60/EG des europäischen Parlaments und des Rates vom 23. Oktober 2000 zur Schaffung eines Ordnungsrahmens für Maßnahmen der Gemeinschaft im Bereich der Wasserpolitik. Amtsblatt der Europäischen Gemeinschaften L 327:1-72.

EU (Europäische Union) - Footprint: Entwicklung funktionaler Werkzeuge zu Risikoabschätzung und -management für Pflanzenschutzmittel. Datenbank unter www.eu-footprint.org/ppdb.html, Stand Oktober 2012.

FOCUS (FOrum for Co-ordination of pesticide fate models and their USe), 2001. FOCUS surface water scenarios in the EU evaluation process under 91/414/EEC. Report of the FOCUS working group on surface water scenarios, EC Document Reference SANCO/4802/2001-rev.2.

Franzluebbers, A.J., 2002. Soil organic matter stratification ratio as an indicator of soil quality. Soil Tillage Research 66:95-106.

Freundlich, H., 1909. Kapillarchemie. Akademische Verlagsgesellschaft, Leipzig.

Gutsche, V. und J. Strassemeyer, 2007. SYNOPS - ein Modell zur Bewertung des Umwelt-Risikopotentials von chemischen Pflanzenschutzmitteln. Nachrichtenblatt des Deutschen Pflanzenschutzdienstes 59:197-210.

Gutsche, V., J. Strassemeyer, E. Ladewig, 2011. Modellierung des Umwelt-Risikopotenzials von Pflanzenschutzstrategien im Zuckerrübenanbau. Gesunde Pflanzen 64:11-19.

Gutsche, V., 2012. Managementstrategien des Pflanzenschutzes der Zukunft im Focus von Umweltverträglichkeit und Effizienz. Journal für Kulturpflanzen 64:325-341.

Haider, J., 1997. Herbizide in Oberflächenabfluss und Bodenabtrag - Feldversuche mit simulierten Regen. Dissertation an der Technischen Universität zu München-Weihenstephan.

Haider, K., 1999. Microbe-soil-organic contaminant interactions. In: Adriano, D.C., ed. Bioremediation of contaminated soil. Agronomy Monograph 37. American Society of Agronomy, Madison WI, 33-51.

Haider, K. und A. Schäffer, 2000. Umwandlung und Abbau von Pflanzenschutzmitteln in Böden: Auswirkungen auf die Umwelt. Enkeim Georg Thieme Verlag, Stuttgart.

Hance, R.J., 1980. Interactions between herbicides and the soil. Academic Press. Inc., London.

Hill, M., 2010. Understanding environmental pollution. Cambridge University Press, New York.

Holland, J.M., 2004. The environmental consequences of adopting conservation tillage in Europe: reviewing the evidence. Agriculture, Ecosystems and Environment 103:1-25.

Hunt, J.W., B.S. Anderson, B.M. Phillips, R.S. Tjeerdema, N. Richard, V. Connor, K. Worcester, M. Angelo, A. Bern, B. Fulfrost, D. Mulvaney, 2006. Spatial relationships between water quality and pesticide application rates in agricultural watersheds. Environmental Monitoring and Assessment 121:245-262.

Hurle, K., 1982. Untersuchungen zum Abbau von Herbiziden in Böden. Acta Phytomedica 8:1-120.

Hurle, K., S. Lang, M. Herrmann, 1994. Unbeabsichtigte Einträge. In: Deutsche Forschungsgemeinschaft, Hrsg. Ökotoxikologie von Pflanzenschutzmitteln. Verlag Chemie, Weinheim, 34-53.

IIRB (International Institute For Beet Research), 2005a. Sugarbeet in Europe - an environmentally friendly crop for sustainable plant production systems Part I. Zuckerindustrie 130:89-95.

IIRB (International Institute For Beet Research), 2005b. Sugarbeet in Europe - an environmentally friendly crop for sustainable plant production systems Part II. Zuckerindustrie 130:379-387.

Karpouzas, D.G. und A. Walker, 2000. Aspects of the enhanced biodegradation and metabolism of ethoprophos in soil. Pest Management Science56:540-548.

Knäbel, A., S. Stehle, R.B. Schäfer, R. Schulz, 2012. Regulatory FOCUS surface water models fail to predict insecticide concentration in the field. Environmental Science and Technology 46:8397-8404.

Koch, H.-J., C. Pringas, J. Scherer, 2003. Conservation tillage for sustainable sugarbeet production in Germany - environmental and phytopathological aspects. Zuckerindustrie 128:810-813.

Kreuger, J., 1998. Pesticides in stream water within an agricultural catchment in southern Sweden, 1990-1996. Science of the Total Environment 216:227-251.

Kreuger, J. und L. Törnqvist, 1998. Multiple regression analysis of pesticide occurrence in streamflow related to pesticide properties and quantities applied. Chemosphere 37:189-207.

Larsbo, M., J. Stenström, A. Etana, E. Börjesson, N.J. Jarvis, 2009. Herbicide sorption, degradation, and leaching in three Swedish soils under long-term conventional and reduced tillage. Soil and Tillage Research 105:200-2008.

Lennartz, B., 1999. Variation of herbicide transport parameters within a single field its relation to water flux and soil properties. Geoderma 91:327-345.

Liess, M., R. Schulz, N. Berenzen, J. Nanko-Drees, J. Wogram, 2001. Pflanzenschutzmittel-Belastung und Lebensgemeinschaften in Fließgewässern mit landwirtschaftlich genutztem Umland. UBA-Texte 65/01.

Locke, M.A., R.M. Zablotowicz, K.N. Reddy, R.W. Steinriede, 2008. Tillage management to mitigate herbicide loss in runoff under simulated rainfall conditions. Chemosphere 70:1422-1428.

Lütke Entrup, N., H.-K. Barth, F.-F. Gröblinghoff, F. Erlach, 2002. Boden- und Stoffabtrag von ackerbaulich genutzten Flächen - Ausmaß und Minderungsstrategien. Abschlussbericht. Fachhochschule Südwestfalen.

Marwitz, A., E. Ladewig, B. Märländer, 2012. Impact of herbicide application intensity in relation to environment and tillage on earthworm population in sugar beet in Germany. European Journal of Agronomy 39:25-34.

Neumann, M., R. Schulz, K. Schäfer, W. Müller, W. Mannheller, M. Liess, 2002. The significance of entry routes as point and non-point sources of pesticides in small streams. Water Research 36:835-842.

Otto, S., L. Riello, R.-A. Düring, H.E. Hummel, 1996. Herbicide dissipation and dynamics modelling in three different tillage systems. Chemosphere 34:163-178.

Pestemer, W., A. Süss, G. Bischoff, A.C.W. Mueller, M. Stähler, 2005. Anleitung zur Durchführung eines chemisch-biologischen Monitoring von Pflanzenschutzmitteln in Gewässern der Agrarlandschaft. Berichte aus der Biologischen Bundesanstalt für Land- und Forstwirtschaft 125.

Petersen, J., 2004. A Review on weed control in sugar beet: from tolerance zero to period threshold. In: Inderjit, ed. Weed biology and management. Kluwer Academic Publishers, Dordrecht, the Netherlands, 467-483.

Rosner, J. und A. Klik, 2005. Konservierende Bodenbearbeitungssysteme. Gesunde Pflanzen 57:179-186.

Säle, M., 1988. Pflanzenschutzmittel und Grundwasser - Situation und Handlungsbedarf. Mitteilung aus der Biologischen Bundesanstalt für Land- und Forstwirtschaft Berlin-Dahlem 245:103-117.

Sánchez-Bayo, F., S. Baskaran, I.R. Kennedy, 2002. Ecological relative risk (EcoRR): another approach for risk assessment of pesticides in agriculture. Agriculture, Ecosystems and Environment 91:37-57.

Schäfer, R.B., P.J. van den Brink, M. Liess, 2011. Impacts of pesticides on freshwater ecosystems. In: Sánchez-Bayo, F., P.J. van den Brink, R.M. Mann, eds. Ecological impacts of toxic chemicals. Bentham, Bussum, the Netherlands, 111-137.

Schäfer, R.B., P.C. von der Ohe, J. Rasmussen, J.B. Kefford, M. Beketov, R. Schulz, M. Liess, 2012. Thresholds for the effects of pesticides on invertebrate communities and leaf breakdown in stream ecosystems. Environmental Science and Technology 46:5134-5142.

Schinkel, K., 1985. Die Beständigkeit von Pflanzenschutzmitteln im Boden. Berichte über Landwirtschaft. Sonderheft 198:9-21.

Schulz, R. und M. Liess, 2001. Acute and chronic effects of particle-associated fenvalerate on stream macroinvertebrates: a runoff simulation study using outdoor microcosms. Archives of Environmental Contamination and Toxicology 40:481-488.

Sprague, J.B., 1970. Measurement of pollutant toxicity to fish, II-Utilizing and applying bioassay results. Water Research 4:3-32.

Tiktak, A., F. van den Berg, J.J.T.I. Boesten, M. Leistra, A.M.A. von der Linden, D. van Kraalingen, 2000. Pesticide emission assessment at regional and local scales: Users manual of FOCUS Pearl version 1.1.1. RIVM Report 711401008, Alterra Report 28, Bilthoven.

TrinkwV (Trinkwasserverordnung), 2001. Verordnung über die Qualität von Wasser für den menschlichen Gebrauch. Trinkwasserverordnung in der Fassung der Bekanntmachung vom 28. November 2011 (BGBl. I S. 2370), zuletzt geändert durch Artikel 2 Absatz 19 des Gesetzes vom 22. Dezember 2011 (BGBl. I S. 3044).

Tzilivakis, J., K. Jaggard, K.A. Lewis, M. May, D.J. Warner, 2005. Environmental impact and economic assessment for UK sugar beet production systems. Agriculture, Ecosystems and Environment 107:341:358.

Vasel, E.-H., E. Ladewig, B. Märländer, 2012. Weed composition and herbicide use strategies in sugar beet cultivation in Germany. Journal für Kulturpflanzen 64:112-125.

Walker A., 1989. Factors influencing the variability in pesticide persistence in soils. Aspects of Applied Biology 21:159-171.

Wauchope, R.D., 1978. The pesticide content of surface water draining from agricultural fields - a review. Journal of Environmental Quality 7:459-472.

Wegener, U., 2001. Dauerhafte Bodenbearbeitungsverfahren in Zuckerrübenfruchtfolgen - Ertragsbildung, Rentabilität, Energiebilanz und Bodenerosion im Vergleich. Dissertation. Cuvillier Verlag, Göttingen.

Fazit

Die vorliegende Arbeit leistet einen Beitrag, um die ökologische Wirkung der im Zuckerrübenanbau zur Anwendung kommenden Herbizide auf die Kompartimente Boden und Wasser zu beurteilen. Aus der zusammenfassenden Interpretation der Ergebnisse basierend auf Feldversuchen und Modellierung geht hervor, dass zwischen den Herbizidstrategien keine Unterschiede in den Umweltwirkungen auf Struktur und Funktion des Edaphons im Bodenökosystem bestehen und herbizide Einträge ins Grundwasser unter dem angenommen Modellansatz ausgeschlossen werden können. Die Modellierungsergebnisse zeigen, dass fast 100 % der Wirkstoffrückstände in 0 bis 0,10 m Bodentiefe vorliegen. Exakt diese Bodenschicht wurde durch die beiden Screeningmethoden Minicontainer-Test und Köderstreifen-Test zur Untersuchung der biologischen Aktivität des Edaphons erfasst. Trotz der hohen modellierten Wirkstoffrückstände in dieser Bodenschicht blieben Unterschiede in der biologischen Aktivität zwischen den Herbizidstrategien jedoch aus, während eindeutige Effekte zwischen den Bodenbearbeitungssystemen festgestellt werden konnten. Das vernachlässigbare ökologische Risiko der drei Herbizidstrategien basierend auf den Modellierungsergebnissen und dem Indikator „Regenwurm“ wurde von den Untersuchungen der Regenwurmpopulation im Feld ebenfalls widergespiegelt. Mit der Regenwurmpopulation und der biologischen Aktivität des Edaphons wurden essentielle Indikatoren für die Bodenfruchtbarkeit landwirtschaftlicher Flächen untersucht. Darüber hinaus bringt der multifaktorielle und realitätsbezogene Versuchsansatz die Anwendbarkeit der Ergebnisse für die Praxis im Zuckerrübenanbau zum Ausdruck.

Die im Forschungsverbundprojekt integrierten Teilprojekte zur Untersuchung der Effekte der Herbizidstrategien auf die epigäische Fauna in Zuckerrüben und zur Simulation des Umweltrisikos der Herbizidstrategien führten zu ähnlichen Aussagen. So schlussfolgerten Fischer und Heimbach (2011), dass die Herbizidstrategien keinen signifikanten Einfluss auf die Laufkäferfauna ausüben. Anhand der Simulationsergebnisse mit dem Modell SYNOPS haben Gutsche et al. (2012) geringe ökologische Risiken für fünf untersuchte Indikatoren festgestellt, wobei auch hier kein Effekt auf den als Repräsentanten der Bodenfauna herangezogenen Regenwurm auftrat.

Die auf der Modellierung beruhenden geringen vertikalen Wirkstoffverlagerungen stehen im Einklang mit der Wasserrahmenrichtlinie der EU, die den Schutz des Grundwassers zur Erhaltung seiner Nutzbarkeit („guter Zustand“) beschreibt (EU, 2000). Die hohen

Wirkstoffrückstände in den oberen 0 bis 2,5 cm Bodentiefe stellen jedoch aufgrund der Gefahr des lateralen Oberflächenabflusses (run-off) eine potentielle Quelle der PSM-Belastung von Oberflächengewässern dar. Da die dem Oberflächenabfluss entgegenwirkende Mulchsaat (Koch et al., 2003) im Zuckerrübenanbau deutlich an Bedeutung gewinnt (Buhre et al., 2011) und für Algen als Indikator des aquatischen Ökosystems nur geringe ökologische Risiken durch die Herbizidstrategien bestehen (Gutsche et al., 2012) kann dieses Gefährdungs- bzw. Risikopotentials prinzipiell gemindert werden

Sowohl aus ökologischer Sicht als auch gemäß den Grundsätzen des integrierten Pflanzenschutzes sind die drei in dieser Arbeit untersuchten Herbizidstrategien zur standortspezifischen Unkrautregulierung sachgerecht. Insbesondere die Minimengenstrategie zur Applikation von Herbiziden leistet durch die Optimierung des Einsatzes und eine Reduzierung auf das notwendige Maß einen Beitrag zum integrierten Pflanzenschutz und zur nachhaltigen Pflanzenschutzpraxis im Zuckerrübenanbau sowie zur Risikominderung im Sinne des „Nationalen Aktionsplans zur nachhaltigen Anwendung von Pflanzenschutzmitteln“.

Danksagung

Bei Herrn Prof. Dr. Bernward Märländer möchte ich mich herzlich für die Möglichkeit der Promotion am Institut für Zuckerrübenforschung und für die Übernahme des Referats bedanken. Weiterhin sei ihm ein Dank für die intensiven und anregenden Diskussionen ausgesprochen, die aufgrund ihrer Konstruktivität maßgeblich zum Gelingen der Arbeit beigetragen haben. Sein außerordentliches Engagement, insbesondere durch Doktorandenexkursionen und -abende, bot mir die Chance, agrarwissenschaftliches Wissen auch über das Promotionsthema hinaus zu erlangen und trug zu einer angenehmen Doktorandenzeit bei.

Herrn Prof. Dr. Volkmar Gutsche danke ich für die freundliche Bereitschaft, das Korreferat zu übernehmen und für die wertvollen Diskussionsbeiträge in den Arbeitskreissitzungen.

Herrn Prof. Dr. Andreas von Tiedemann danke ich für die bereitwillige Übernahme der Drittprüferschaft.

Bei Prof. Dr. Ralf Schäfer, Dr. Christine Kenter, Dr. Erwin Ladewig, Dr. Anna Jacobs, Dr. Sabine von Tiedemann und Nicole Mackus möchte ich mich für das unermüdliche und kritische Korrekturlesen und die hilfreichen Hinweise bedanken.

Zwei Personen sollen angesichts ihrer großartigen Leistungen bei der Umsetzung vieler Arbeiten besonders hervorgehoben werden. Sehr viel habe ich von Udo Curdt während meiner Doktorandenzeit zum Thema Unkräuter (Bonitur und Bestimmung) und über die Applikation von Pflanzenschutzmitteln, insbesondere durch die Anwendung der Parzellenspritze, gelernt. Aufgrund seiner Erfahrung und Einsatzbereitschaft konnten alle anbautechnischen Maßnahmen reibungslos durchgeführt werden. Kerstin Klapproth war unersetzlich und maßgeblich an der erfolgreichen Organisation und Durchführung aller Freiland- und Laborarbeiten beteiligt. Da die detaillierte Aufführung ihrer unterstützenden Arbeiten zu einer weiteren Seite führen würde, soll festgehalten werden, dass ich mit keiner Frau mehr Zeit während der Promotion verbracht habe, als mit ihr. Beiden danke ich sehr für ihre engagierte Hilfe und selbstlosen Einsatz.

Auch ohne die tatkräftige Unterstützung vieler wissenschaftlicher Hilfskräfte wären die dreijährigen umfangreichen und arbeitsintensiven Feldversuche und Laborarbeiten nicht realisierbar gewesen. Daher gilt ein besonderer Dank all jenen, die einen Beitrag zur erfolgreichen Durchführung dieser Arbeiten geleistet haben.

Den zuständigen IfZ-MitarbeiterInnen danke ich ebenfalls für die Unterstützung bei der Anlage und Pflege der Versuchsflächen. Ferner gilt mein herzlicher Dank allen IfZ-MitarbeiterInnen für die tolle Zusammenarbeit und das kollegiale Arbeitsklima. Dabei erinnere ich mich gerne zurück an die aufheiternden Pausengespräche, angenehmen Anlaufstellen in der Verwaltung - ich sage nur Aktendulli - und an die gemeinsamen Laufevents, die zumeist ein spaßiges Erlebnis waren. Nicht zuletzt geht ein weiteres Dankeschön an die Abteilung Koordination des IfZs für die schöne und abwechslungsreiche Zeit.

Ohne die Arbeitsgemeinschaften wären die Feldversuche nicht durchführbar gewesen, daher sei den Beteiligten für die Organisation und Durchführung vieler Maßnahmen auf diesem Wege recht herzlich gedankt.

Ein großer Dank geht auch an Dr. Christian Kluth für die Unterstützung bei statistischen Fragen.

Herrn Dr. Karl Teiwes danke ich für die Bodenansprachen und für die fachlichen Ratschläge.

Allen TeilnehmerInnen der projektinternen und -externen Arbeitskreissitzungen danke ich für die nette Atmosphäre während der Sitzungen und die Diskussionsbereitschaft, wodurch wertvolle Hinweise Eingang in die Arbeit finden konnten.

Den beteiligten Pflanzenschutzunternehmen danke ich für die Durchführung der Modellierung und Dr. Jörn Strassemeyer für die Bereitstellung der dafür erforderlichen Witterungsdaten. Darüber hinaus sei an dieser Stelle insbesondere Herrn Dr. Walter Schmitt für die anregenden und konstruktiven Diskussionen zum Thema Modellierung gedankt, die sehr zur Horizonterweiterung beitrugen.

Ein großes Dankeschön auch an meine ehemaligen Zimmernachbarn Annett Gummert und Dr. Pavel Lukashyk für die angenehme Arbeitsatmosphäre, die interessanten Diskussionen über fachliche und nicht-fachliche Themen und die gute Zusammenarbeit.

Meinen ehemaligen KollegInnen und MitdokorandInnen Annett Gummert, Anneke Behn, Eric Reinsdorf und Kerrin Trimpler möchte ich für die netten Freizeitaktivitäten - und damit meine ich nicht die vielen Umzüge - und Ablenkungen von der Promotion danken und hiermit viel Erfolg und Durchhaltevermögen bei ihren Promotionen wünschen.

Mitdoktorand Florian Fischer danke ich für Unterstützung inner- und Unternehmungen außerhalb des Verbundprojektes, für den Leidensaustausch vor Tagungsauftritten und für seine einmonatige Gastfreundschaft während meines Praktikums beim BVL in Braunschweig. Auch ihm wünsche ich für den Fortgang seiner Promotion alles Gute.

Die Förderung des Vorhabens erfolgte aus Mitteln des Bundesministeriums für Ernährung, Landwirtschaft und Verbraucherschutz (BMELV) über die Bundesanstalt für Landwirtschaft und Ernährung (BLE) im Rahmen des Programms zur Innovationsförderung. Für diese finanzielle Unterstützung möchte ich mich ebenfalls recht herzlich bedanken.

Meiner Freundin Sarah, die mir durch ihren Arbeitseifer als Hiwine nicht zum letzten Mal den Kopf verdreht hat, danke ich für ihr Verständnis, den steten Rückhalt und die zahllosen aufmunternden Gespräche gerade in schwierigen Phasen der Arbeit.

Schließlich bedanke ich mich bei meinen Eltern, die mit der Unterstützung meiner Ausbildung als Grundstein die Anfertigung der vorliegenden Arbeit überhaupt ermöglicht haben und fortwährend mit Zuversicht und Rücksichtnahme begleiteten.

Nicht zuletzt bin ich sehr dankbar für die zahlreichen Tipps und Ratschläge aller auch nicht namentlich erwähnten Personen.

Weitere Veröffentlichungen während der Promotion

Vorträge (Tagungen)

Marwitz A. und Ladewig E. Ökologische Bewertung und Risikoabschätzung von Herbizidstrategien im Zuckerrübenanbau in Deutschland. SETAC - GLB 18. - 20. September 2011, Universität Koblenz - Landau.

Marwitz A. und Ladewig E. Auswirkung verschiedener Herbizidstrategien auf die Bodenfauna in Zuckerrüben. 57. Deutsche Pflanzenschutztagung, 06. - 09. September 2010, Humboldt - Universität zu Berlin.

Marwitz A. und Ladewig E. Wirkstoffverhalten von Herbizidstrategien unter verschiedenen Standortbedingungen und mögliche Effekte auf die Bodenfauna in Zuckerrüben. 57. Deutsche Pflanzenschutztagung, 06. - 09. September 2010, Humboldt - Universität zu Berlin.

Marwitz A., Ladewig E., Märländer B. Herbizidstrategien in Zuckerrüben: Auswirkung auf die Regenwurmpopulation und die Funktionalität der Bodenfauna. 9. Göttinger Zuckerrübentagung , 02. September 2010, Göttingen.

Lukashyk P., **Marwitz A.**, Ladewig E. Development of Guidelines for the Integrated Pest Management in Sugar Beet. IIRB Meeting, 26th May 2009.Meeting of study group "Weed Control", Brüssel.

Poster

Kula C., Smith B., Jalke T., Kubiak R., **Marwitz A.** Folienserie zur Risikokommunikation für Pflanzenschutzmittel im Bereich Naturhaushalt. SETAC - GLB 18. - 20. September 2011, Universität Koblenz-Landau.

Marwitz A. und Ladewig E. Environmental fate and risk assessment of herbicide strategies in sugar beet crop in Germany. 73. IIRB-Kongress "Effizienz und nachhaltige Entwicklung in der Zuckerproduktion", 14. - 15. Februar 2012, Brüssel.

Marwitz A. und Ladewig E. Response of earthworm population on herbicide application intensities within a conventional and a reduced tillage system in sugar beet crop in Germany. 73. IIRB-Kongress "Effizienz und nachhaltige Entwicklung in der Zuckerproduktion", 14. - 15. Februar 2012, Brüssel.

Marwitz A. und Ladewig E. Response of biological activity of edaphic community on herbicide application intensities within a conventional and a reduced tillage system in sugar beet in Germany. 73. IIRB-Kongress "Effizienz und nachhaltige Entwicklung in der Zuckerproduktion", 14. - 15. Februar 2012, Brüssel.

Marwitz A. und Ladewig E. Response of earthworm population on herbicide application intensities within a conventional and a reduced tillage system in sugar beet crop in Germany. Plant Protection & Plant Health in Europe, Crop and sector-specific guidelines on integrated plant protection, 4th international Symposium, 19th - 21st May 2011, Berlin.

Marwitz A. und Ladewig E. Environmental fate and risk assessment of herbicide strategies in sugar beet crop in Germany. Plant Protection & Plant Health in Europe, Crop and sector-specific guidelines on integrated plant protection, 4th international Symposium, 19th - 21st May 2011, Berlin.

Marwitz A., Lukashyk P., Ladewig E. Regenwürmer als ökotoxikologische Bewertungsgröße für die Abschätzung von Herbizid-Strategien. Fachtagung und Workshop - Boden und Standortqualität - Bioindikation mit Regenwürmern. 25. - 26. Februar 2010, FH Osnabrück.

Lebenslauf

Persönliche Daten

Andreas Marwitz
geboren am 10.11.1980 in Zerbst

Schulausbildung

1987 - 1991	Grundschule, Leitzkau
1991 - 1993	Sekundarschule, Leitzkau
1993 - 1999	Gymnasium, Loburg Abschluss: Abitur

Hochschulausbildung

1999 - 2004	Studium der Wasserwirtschaft, Hochschule Magdeburg-Stendal Abschluss: Diplom-Ingenieur (Dipl.-Ing. (FH)) Diplomarbeit bei der DaimlerChrysler AG, Gaggenau Thema: „*Auswirkung der neuen Trinkwasserverordnung auf ein DaimlerChrysler Werk hinsichtlich des Bakteriums Legionella; Sanierungsmaßnahmen und notwendige Untersuchungen*“
2004 - 2007	Studium der Ingenieurökologie, Hochschule Magdeburg-Stendal Abschluss: Master of Science (M.Sc.) Masterarbeit am Helmholtz-Zentrum für Umweltforschung, Leipzig Thema: „*Mesokosmosuntersuchung zur Auswirkung des Insektizids Thiacloprid auf das Makrozoobenthos in Fließgewässern*“
2008 - 2012	Promotionsstudiengang Agrarwissenschaften, Georg-August-Universität Göttingen Anfertigung der Dissertation am Institut für Zuckerrübenforschung Göttingen, An-Institut der Georg-August-Universität Göttingen

Berufliche Tätigkeiten

2008 - 2011	Wissenschaftlicher Assistent, Institut für Zuckerrübenforschung, Göttingen, Abteilung Koordination
seit 02/2012	Wissenschaftlicher Mitarbeiter (Ecotoxicology and Environmental Exposure), Dr. Knoell Consult GmbH, Mannheim, Business Unit Industrial Chemicals & Biocides - Environment, Health & Safety